世界のコンバージョン建築
Architectural Conversions in the World
Italy, France, Germany, Finland, the United States of America, Australia

小林克弘／三田村哲哉／橘高義典／鳥海基樹

鹿島出版会

序 —— 日本でもコンバージョン文化が成熟するために

本書は、主としてイタリア、フランス、ドイツ、フィンランド、アメリカ、オーストラリアなど、世界各地で1990年代以降に竣工したコンバージョン（用途変更、転用）建築を広く紹介することを目的としている。日本でも、近年、国内外の実作の紹介もある程度は行われ、技術面および事業面において様々な検討が進められることで、建築コンバージョンという用語自体は、すでに定着してきたが、残念ながら、コンバージョンが一般的な建築文化・都市文化として定着したとは言い難い。質において、量において、日本のコンバージョン建築は、欧米圏に大きく遅れているのみならず、一歩間違うと、コンバージョンという日本の将来の建築・都市のあり方を担うであろう重要な手段が、見失われる危険性すら感じられる。本書は、こうした危機感のもと、各国の多様なコンバージョン建築世界を紹介し、コンバージョンを巡る様々な視点からの考察を加えることで、日本におけるコンバージョン文化の成熟の糧とすべく企画された。

同じ大学に所属する編著者4名は、それぞれ専門分野が異なる。小林は建築設計・建築意匠、三田村は建築意匠・近現代建築論、橘高は建築材料学、鳥海は都市計画を専門とする。本書の企画に際しては、この数年、各人が見聞したコンバージョン建築に加え、新たに調査する事例を検討・議論し、追加調査を行った上で、本書の構成および掲載事例を決定した。事例抽出は、主として、各国で出版されている建築雑誌や関連書籍の分析、各国の建築・都市計画行政関係者から得た情報に基づいている。本書はこうした協働作業を伴って企画されたが、冒頭の論考4編はそれぞれの編著者の専門の視点から執筆することで、コンバージョンに対する多面的な見解を示すこととした。事例の解説は、編著者に加え、実地調査に加わったメンバーも含めての分担執筆である。執筆者は、各解説の末尾にイニシャルを示し、巻末にて氏名を明記した。

全体で、約100事例を取り上げているが、実地調査を行った事例はさらに多い。とは言え、各国における事例収集の水準も異なり、見落とした重要事例もあるだろう。また、実地調査を行った事例すべてを取り上げることは、本書のヴォリュームからも困難である。そうした制約の中で、事例をどのような順番に並べるかが、大きな課題であった。国別に掲載するという考え方もあったが、類似事例が諸国を横断する形に続いた方が、より一層参考になるのではないかという判断から、まず、コンバージョン前の用途で大きく三つの建築類型に分けた。比較的限定された人々が使用する住居・事務所系建築、20世紀という大生産時代を象徴する工場・倉庫などの産業系建築、不特定多数の人々が使用する公共・商業系建築である。そして、それぞれの建築類型の中での並びは、転用後の用途で類似した事例をまとめつつ、できるだけ、規模の大きいものから小さいものへと並ぶように配慮した。ただし、1頁で扱う事例とするか2頁事例とするか、白黒かカラーか、などの頁編集や印刷技術上の要因もあり、上記を大原則として順序を決定したものの、最終的には、多少事例の並びが悪くなっている箇所があることは、御容赦いただきたい。

日本では、既存建築の質の悪さ、法制度の違い、再生利用に対する理解の貧困さなど、コンバージョン文化の円熟を妨げる要素が数多く存在している。こうしたハードルを越えるためには、コンバージョンの魅力と効果を十分に知る必要がある。本書が、こうしたコンバージョンの多様な建築的魅力を伝え、コンバージョンに関心をもたれる方々に何がしかの刺激と夢を提供し、願わくは、日本のコンバージョン文化の成熟の一助とならんことを切に期待している。

編著者　小林克弘、三田村哲哉、橘高義典、鳥海基樹

Contents

序 ── 日本でもコンバージョン文化が成熟するために ... 003

コンバージョン建築論

コンバージョン建築デザインの位相と射程	小林克弘	008
諸外国における建築コンバージョンの動向と特徴	三田村哲哉	011
マクロなコスト・ダウンによる建築コンバージョンの推進序説	鳥海基樹	018
コンバージョンにおける建築素材の時間空間的調和	橘高義典	025

住居・事務所系建築のコンバージョン

歴史的価値を商業的価値に転じる	ハードロック・ホテル	U.S.A.	030
構造体のみを残した転用	トランプ・インターナショナル・ホテル&タワー	U.S.A.	032
1枚の壁がもつ蘇生力	ハドソン・ホテル	U.S.A.	033
文化的価値に救われた名作	バーナム・ホテル	U.S.A.	034
禁欲空間が快楽空間に	フォーシーズンズ・ミラノ	Italy	036
半壊した建設途中状態を蘇生	リボリ現代美術館	Italy	037
石・鉄・ガラス	ヴィッテン文化センター	Germany	038
保存・増築・減築・改修・転用の総合	ギャルリー・コルベール	France	040
転用・増築による文化施設膨張の秀作	モーガン・ライブラリー修復センター	U.S.A.	042
中庭が潜在的に有する裏の空間の魅力	フランス極東学院・アジア館	France	044
新旧素材のミクスチャー	ロックス・スクェアー	Australia	046
既存の空間と軸線を継承	フィラデルフィア・アーツ・バンク	U.S.A.	048
光環境の改善	ジャン=ミシェル・ウィルモット建築設計事務所	France	049
新旧素材のレイヤー	デッリ・エフェッティ	Italy	050

産業系建築のコンバージョン

美しい巨大消費施設へ	リンゴット	Italy	052
最小限の建築操作	カアペリ	Finland	054
断片的記憶	カルバー・シティ/ピタード・サリヴァン・ビル	U.S.A.	056
近代工場群のアドホックな活用	AEGフムボルトハイン工場	Germany	058
ブラウン・フィールド再生の一方策	ガゾメーター	Austria	060
旧中庭の図書閲覧室が内包する公共性	アラビア・ファクトリー	Finland	062
様々な建築にコンバージョンされた工場地帯	ダニエラ・プッパ・デザイン事務所	Italy	064
産業遺産群のコンバージョンを通じた都市再生	ルベの産業遺産の賦活	France	066
土木遺産の建築化	ヴィアデュク・デ・ザール	France	068
欧州最大の綿紡績工場から現代アートの拠点に	ライプチヒ綿紡績工場	Germany	070
都市計画的発想が人の流れと資本を呼び込む	ウォルシュ・ベイ	France	071

コンバージョンと新築の組合せ	ホテル・シュプリーボーゲン・ベルリン	Germany	072
シンメトリーな巨大空間を生かす	フィンガー・ワーフ	Australia	073
コンバージョンによる空間の分節	薬物中毒患者センター	France	074
裁判所らしからぬ裁判所	ヘルシンキ裁判所	Finland	076
トップ・ダウンで推進	ネスレ・フランス本社コンプレクス	France	078
ユーロ・メディテラネ計画の核	レ・ドック	France	079
様式の継承と空間.の転用	ジャンフランコ・フェレ本社	Italy	080
外観の統一	フランス文化省	France	082
コンバージョンによる迷宮	イーヴェルク	Germany	084
醸造所の芳香が漂う	サンポライフ社屋	Finland	086
アドホックなコンバージョン	チェレーレ・ビル サン・ロレンツォ地区	Italy	088
異なる立面の建築操作	ステークス・アンド・セナト社屋	Finland	090
発電所のデザインを生かしたオフィスへ	メタ・ハウス	Germany	092
歴史都市をハイテク都市に	テティス海洋沿岸技術研究所	Italy	093
5,000万ユーロの経済波及効果	コットン・コングレッシ・ジェノヴァ	Italy	094
鉄道操作場ヴァナキュラリズム	ル・フリゴ	France	095
貯蔵庫内の小宇宙	カルチャー・ブリュワリーの広告代理店	Germany	096
無骨と繊細の弁証法	ジャンパオロ・ベネディーニ建築設計事務所	Italy	097
既存痕跡を残しつつ、アグレッシブに介入	ダンテ・O.ベニーニ建築設計事務所	Italy	098
白の上の白	リッソーニ・デザイン事務所	Italy	100
新旧の要素が互いを引き立てる	アメリカ気象協会	U.S.A.	102
構造体を生かした空間計画	ス・プレックス	France	103
都心に立地する産業遺産のアドヴァンテージ	テート・モダン	England	104
工場空間から展示空間へ	ローマ市立現代美術館	Italy	105
要塞島のコンバージョン	スオメンリンナ島・インフォメーション・センターC74	Finland	106
工場建築に仕組まれた展示空間	デュースブルク近代美術館	Germany	108
産業遺構と古典芸術の遭遇	カピトリーニ博物館 モンテマルティーニ・センター	Italy	110
原型の維持	オランジュリー美術館	France	112
倉庫に挿入された幻想空間	トゥスコラ美術館	Italy	114
新旧デザインの融合	レッド・ドット・デザイン・ミュージアム	Germany	116
穀物庫を立体展示空間へ	トゥルク海洋博物館	Finland	118
ランドスケープ整備を誘発	パリ第7=ディドロ大学	France	119
シンボル再生による地域のコンバージョン	トゥルク・アート・アカデミー	Finland	120
コンバージョン建築に屹立する独自性と伝統性	パリ-ヴァル・ドゥ・セーヌ建築大学校	France	122
新旧空間の対話	アート・センター・カレッジ・オブ・デザイン、南キャンパス	U.S.A.	124
長大な空間を生かした空間デザイン	南カリフォルニア建築学校	U.S.A.	126
工業地域を覚醒する内部広場	カリフォルニア美術工芸大学モンゴメリ・キャンパス	U.S.A.	128

高度な建築設備の導入	ヘルシンキ・ポリテクニク・スタディア	Finland	130
複数棟のコンバージョン	アボ・アカデミー芸術学部、アルケン	Finland	132
建築保全と現代建築の挿入	ヘルシンキ・ポップ・アンド・ジャズ音楽学校	Finland	134
地区再生の起爆剤	チェルシー・マーケット	U.S.A.	136
コンバージョンによるウォーターフロント再生	リヴァーイースト・アートセンター	U.S.A.	138
テクノロジーとアートでブラウン・フィールド再生	オーストラリアン・テクノロジー・パーク	Australia	140
郊外ショッピングモールのアンチテーゼ	ベルシー・ヴィラージュ	France	141
コンバージョンで変貌する精肉街	ヴィトラ・ショールーム	U.S.A.	142

公共・商業系建築のコンバージョン

驚異のコンバージョン	マルケッルス劇場	Italy	144
現代建築の積層による調和と変容	ポルティコ（スコッツ教会改築）	Australia	146
コンバージョンと建築群の再構築	メゾン・シュジェール	France	148
巨匠建築の転用再生	ヴァン・アレン・アパート	U.S.A.	150
甦ったシンボル	フェリー・ビルディングU21	U.S.A.	152
シンボルの開放	ポスト・オフィス・パヴィリオン	U.S.A.	154
内に秘めた象徴性の発掘	ジャン＝ポール・ゴルチエ本社屋	France	155
建築史の地層	ローマ国立博物館（ディオクレティアヌスの浴場）	Italy	156
動線計画の転換	アジア美術館	U.S.A.	158
歴史性の尊重と現代性の付加	ギャラリー・ジュ・ド・ポム	France	160
プラットホーム大架構の下の距離感	ハンブルク駅現代美術館	Germany	162
重厚さと淡白さが混在した不思議な美術館	P.S.1現代美術館	U.S.A.	163
聖なる身廊空間と子供の遊び場家具の共存	マハミット子供体験博物館	Germany	164
ガラス・ヴォリュームによるファサードの刷新	ハンブルク芸術協会	Germany	165
新たな鉄のインテリア	パヴィヨン・ド・ラルスナル	France	166
外観を保持し、内部を大改造	ニューヨーク・パブリック・ライブラリーSIBL	U.S.A.	168
コンバージョンで拡張する大学	ニューヨーク市立大学バルーク・カレッジ 図書館およびテクノロジー・センター	U.S.A.	170
中庭への増殖	アンブロシアーナ・ギャラリー	Italy	172
駅舎の大空間を活用	フィラデルフィア・コンベンション・センター	U.S.A.	173
空間配列の継承と現代的活用	トリノ公文書館	Italy	174
シドニーの新たな観光拠点	シドニー・カスタムズ・ハウス	Australia	176
表と裏	映画館MK2 セーヌ河岸館	France	178

あとがき	181

コンバージョン建築論

コンバージョン建築デザインの位相と射程
小林克弘

1 ── 新築では生み出され得ない変換のダイナミズム

コンバージョン建築に関して、近年、レンゾ・ピアノ設計のリンゴット工場再生(p.52)、ヘルツォーク&ド・ムーロンのテート・モダーン(p.104)、ジャン・ヌーベルのガスタンク・プロジェクト(p.60)など、主導的建築家のデザインによる大規模なコンバージョン・プロジェクトが話題になった。しかしながら、本書が示す通り、世界の建築コンバージョンは、こうした極めて著名な作品に限らず、実に数多くの実作が生み出されて、様々な種類の試みがなされているという状況にある。日本においても、既存建築ストックの利用事業および都市再生という視点から、建築コンバージョンに対する関心は高まりつつある。しかし、日本におけるコンバージョンが、単に一時的な関心事や処方ではなく、真に実りあるものとして定着していくためにも、世界のコンバージョンの多様な状況を十分に理解する必要がある。とりわけ、コンバージョン建築が魅力的なものになっていくためには、デザイン面での理解を深化させる必要があるだろう。

コンバージョンすなわち用途変更を伴う転用における建築デザイン上の魅力は、既存建築がもつ特性を生かしながら、新しいデザインを重ねるという建築的工夫を通じて、白紙の状態からデザインがなされた新築の建築では生み出され得ない特徴や意外性に富んだ効果が得られることにある。しかも単なる改修とは異なり、ビルディング・タイプ自体が変わるのであるから、変換のダイナミズムはなおさらである。こうしたコンバージョン建築のデザインの特色は、新築のデザインの場合と比較して整理してみることで、より明らかにすることができるだろう。本稿では、新築とコンバージョンを比較しながら、建築デザインの原理や位相の差異を根本から考えるという視点に立ち戻って、コンバージョン建築のデザインの基本的な特性を以下の項目3点に整理してみたい。

リンゴット工場再生。近年のコンバージョン話題作

2 ── セルフ・コンテクスチュアリズムという発想

1970年代にコンテクスチュアリズムと呼ばれる運動が起き、現在も基本的にはこの発想が生きていると言えるだろう。コンテクスチュアリズムとは、1960年代まで主流であったフリースタンディング型の建築ではなく、都市あるいは建築周辺の文化的・物理的コンテクスト(文脈)を読み取りつつ、建築をデザインするという発想である。コンバージョン・デザインは、セルフ・コンテクスチュアリズムとでも呼ぶべき発想を必要とする。新築の場合、建築周辺がコンテクストであるのに対して、コンバージョンは、既存建築自体が、コンテクストである。新築の場合は、新旧の建築が隣接する形になるので、周辺のコンテクストの参照は自由度を伴ってなされるが、コンバージョンでは、新旧部分が重合・一体化するため、コンテクストから逃れることはできない。そもそも、コンテクスチュアリズムでは、新築によって、場所や周辺の記憶を消し去るのではなく、何らかの形で記憶を断片的にでもあれ、踏襲することを意図するが、コンバージョンの場合は、既存建物が残るのであるから、その記憶自体は、程度の差こそあれ、否応にも残されることになる。

そうなると、自らをコンテクストとするコンバージョンにおいては、新旧をいかに関係付けるかが、デザインの重要なポイントになる。この点では、まず外観に着目すると、いくつかのタイプがあることがわかる。ひとつは、既存建築が歴史的価値を備えた作品の場合、既存部分の重要な部分については、保存再生的な発想が適用される。シカゴ派高層建築の名作であるリライアンス・ビルをホテルに転用したバーナム・ホテル(p.34)などはその好例である。しかし、この場合は、保存的な発想が強い

ハドソン・ホテル。足元に付加されたル・コルビュジエ風のファサードが建築全体の印象を一変させる

ダンテ・O.ベニーニ建築設計事務所。内部のアーチ型開口から、新たに取り付けられたDPGカーテンウォールを見る

カピトリーニ博物館モンテマルティーニ・センター。発電所機器と古典的彫刻の遭遇

トゥルク・アート・アカデミー。造船所外壁とその中に挿入された新設の内部

アート・センター・カレッジ・オブ・デザイン、南キャンパス。大空間を生かした計画

ニューヨーク市立大学バルーク・カレッジ。中庭の内部アトリウム化

ため、外観における新旧対比が生まれにくい。その意味では、既存建築が、より一般的な建築の方が、新たなデザインを付加できるという点で、興味深いデザインとなる可能性がある。例えば、普通の高層建築をホテルに転用したハドソン・ホテル(p.33)は、高層建築の足元一部に既存とは対比的なル・コルビュジエ風のファサードを付加することによって、建物全体の印象を完全に刷新することに成功した例である。また、ローマのマルケッルス劇場を集合住宅へと転用した例(p.144)は、現代では保存再生的な発想が強いため、このような形の転用は実現しえないと思われるが、転用が生じたのが中世から近世にかけてであったため、新旧部分が不思議に融合した佇まいを生み出している。さらに、既存建築の記憶を暗示的な形で留めるという手法も見られる。ダンテ・O.ベニーニ事務所(p.98)では、既存倉庫外壁全面に現代風のガラスのファサードを付加するが、その随所に既存のアーチをガラスのパターンとして残すことで、既存建築の記憶を留めることが意図されている。

このように、コンバージョンというセルフ・コンテクスチュアリズムでは、再生保存、新旧対比的融合、既存建築記憶の暗示的保持といったいくつかの段階が生じるが、とりわけ、新旧が何らかの形で混在する点が興味深いと言えるだろう。同様のことは、内部空間に関しても言えるが、内部空間の場合は、外観ほどには保存的な発想が強くはない。と言うのも、コンバージョンである以上、内部にある程度の変更を施すことは、大前提であり、それができない場合は、コンバージョンというより保存再生そのものにならざるを得ないのである。内部においても、新旧の対比や既存建築記憶の暗示的保持は、コンバージョン・デザインの興味深い点である。極端な例として、新旧の対比が、内部空間全体にわたって生じた例、ローマ近郊の発電所からカピトリーニ博物館への転用例(p.110)では、発電所の機械を残しつつ、古典的彫刻を展示しているため、シュールとすら言えるような独特の効果が生まれている。

3 ── 制約を生かす構成上の工夫

新築の場合は、要求されたプログラムや機能に基づき、平面や空間を自由に構成し、それにふさわしい構造を選択するという、当然とも言える自由度がある。それに対し、コンバージョンの場合は、既存の構造体や空間構成がすでに存在しており、そこにプログラムをどのようにあてはめていくか、また、そのためにはどの程度既存建築を変更しなければいけないかというように、発想の転換が必要になる。さらに言えば、そうした制約をいかに魅力に転じるか、がコンバージョン・デザインの勝負どころである。こうした点に関しては、特に産業系施設からのコンバージョンにおいて、元々倉庫や工場であった大空間をどのように生かすかが興味深い課題となる。大空間と言うと、一見すると、制約には思えないかもしれないが、しかしながら、大空間であるということは、外壁に面する開口部が少ないということであり、かつ、その中に小空間を設けようとする際には、何らかの建築的工夫が必要になるのであり、その意味では、ある種の制約であるということができるだろう。いつかの興味深い例を挙げよう。フィンランドのトゥルク・アート・アカデミー(p.120)は、既存の造船所2棟と細長いロープ工場を教育施設に転用した大規模な事例であるが、造船所の大空間は、一部をそのまま残しつつ、必要なところでは、大空間の中に新設の床・壁・天井による箱を挿入し、この新しい内部とその周囲の工場大空間の対比共存を巧みに作り出した例である。一方、ロープ工場の細長い空間は、研究室やアトリエ等の空間として活用しつつ、必要な部分には新築棟を挿入して、全体として、既存空間を最大限に生かした転用計画となっている。アート・センター・カレッジ・オブ・デザイン、南キャンパス(p.124)は、既存の風洞実験のための大空間を生かしながら、校舎としての空間計画を巧みに行った例である。これらは、いずれも、既存建築の空間特性を制約とは考えずに、むしろ転用後の計画の特徴に生かしていくという点で共通している。ニューヨーク市立大学のバルーク・カレッジ(p.170)は、産業系施設ではなく、路面電車車場+事務所という施設からの転用であるが、中庭に屋根を架けて内部アトリウム化し、大学図書館を主とした施設に、既存の構成を巧みに転用している。コンバージョンにおいては、こうした構成上ある種の制約をもつとも言える既存建築に、プログラムをいかに収めていくかという発想が極めて重要になる。

4 —— 脱ビルディング・タイプによる意外性

新築の場合は、プログラムに対応したキャラクター、つまり建築の表現上の性格、「らしさ」なるものから逃れることはできない。教育施設であれば「小学校らしさ」あるいは「大学らしさ」、文化公共施設であれば、「美術館らしさ」「コミュニティ施設らしさ」。居住施設であれば「家らしさ」「集合住宅らしさ」、オフィスであれば「オフィスらしさ」が、自ずと生み出される。これは、建築家が意図的に「らしさ」を表現しようとしなくとも、例えば新しい建築表現を目指すとしても、この「らしさ」がつきまとう。これは、プログラムが要求する平面形、開口部、ヴォリュームなどから、否応なく生じるものである。

コンバージョンの場合、元々別の機能やプログラムで建てられたものに、他の機能やプログラムを挿入していくのであるから、「らしさ」なる概念は崩れ、むしろ「らしからぬ」建築が生まれる可能性がある。ここに、コンバージョン・デザインの最も興味深い点があると言っても過言ではない。「らしからぬ建築」とは、あまり言葉の響きは良くないが、新築では生まれない、意外性の美学を備えた建築ということである。例えば、ヘルシンキ裁判所(p.76)は、かつての醸造工場・倉庫を転用した施設であるが、裁判所特有の重さや厳めしさはなく、その公共空間部分は、むしろ開放的ですらある。内部においても、既存の床を大規模に撤去して、外観はほとんど変更することなく、快適な事務スペースを作るという大胆な建築的工夫を行うことに成功した例である。また、P.S.1現代美術館(p.163)は、ニューヨーク近郊の小学校を美術館に転用した例であり、美術館特有の凝った空間構成がない、ある意味、素朴な美術館となっている。そもそも、既存建築がロマネスク調の不思議な小学校であり、言うならば、不思議さに不思議さを重ねたようなコンバージョンということもできよう。

こうした意外性は、新築では生み出されにくい、コンバージョン・デザインならではの面白さであろう。面白さというと軽い響きになるが、もう少し踏み込んで考えてみると、コンバージョンは、ビルディング・タイプおよびそれに伴うキャラクター(らしさ)という概念を、根底からくつがえす重要な建築的出来事と言えるのではないか。ビルディング・タイプという概念、つまり、ある建築にはある機能が想定され、その結果として、ビルディング・タイプ特有の建築表現が生まれるという事態が、建築史上、当然のこととして考えられてきた。この考え方があまりに強かったが故に、20世紀末には、ビルディング・タイプ特有の建築表現に対して、様々な批判的試みがなされたのは周知の通りである。例えば、1980年代には、脱構築主義が、この「らしさ」という概念を、建築を束縛している概念のひとつとして批判するに至った。あるいは、バーナード・チュミやレム・コールハースが、異種のプログラムの複合・融合を行うことによって、ビルディング・タイプの制約を崩そうとした。コンバージョンにおいては、そうした先鋭的試みとは全く異なる形で、ビルディング・タイプの概念が揺さぶられているのである。

このように考えると、コンバージョン・デザインとは、特定のビルディング・タイプではない、様々な用途に用いることができる建築の作り方あるいはその表現という問題に発展していく。それは、ミース・ファン・デル・ローエが提唱した「ユニヴァーサル・スペース」とは異なった位相で、新たな建築の創出につながる可能性を秘めていると予感されるが、本稿ではそこまで論じる余裕はない。ここでは、コンバージョンと脱ビルディング・タイプという極めて重要な関係を指摘するに留めたい。

以上に述べた、新築とコンバージョンのデザイン上の差異を、整理すると表1のようになろう。コンバージョンは、単に、既存建築の有効活用ということだけではなく、そのデザインの位相は、当然ながら新築とは大きく異なっており、デザイン上の射程や可能性は想像以上に深い。想像以上にと言う意味は、コンバージョンが、ビルディング・タイプ概念に基づく建築のあり方を揺さぶり、建築家の自由な発想こそが建築デザインの当然のあり方であるという考え方の根幹をも揺さぶるということである。そうした視点をもって、コンバージョン・デザインの射程を考えていく必要があるだろう。

ヘルシンキ裁判所。工場のガラス面を残した開放的なエントランス

P.S.1現代美術館。ロマネスク調の重厚な外観の内部に、淡白な展示空間

表1

	新築デザイン	コンバージョン・デザイン
文脈	記憶は消える	記憶が残る
	周辺がコンテクスト	自らがコンテクスト
	周辺への配慮	自己参照的
	新旧が隣り合う	新旧が重合・一体化
構成	自由な構造	既存の構造体
	自由な空間	制約のある空間
	プログラムに沿って構成	既存の構成にプログラムをあてはめる
性格	ビルディング・タイプ概念に束縛	脱ビルディング・タイプ
	通常のキャラクターに配慮	キャラクターは副次的
	らしい建築	らしからぬ建築
	新しい美学	意外性の美学

諸外国における建築コンバージョンの動向と特徴
三田村哲哉

1 ── 近代産業建築と歴史的建造物のコンバージョン [イタリア]

本書に掲載された多くの事例のなかから、各国ごとのコンバージョンにはどのような動向や特徴が現れているのだろうか。本論はオーストラリアを除く5カ国のコンバージョン建築について論じたものである*。また事例偏に未掲載の作品も多数ある。本論ではできる限りこうした事例も取り上げた。

イタリアの主要都市はチェントロ・ストリコという歴史的中心市街地とその郊外から構成されている。チェントロ・ストリコは歴史的建造物によって形成された都市の中心部であり、古い街並みが残る地域である。一方の郊外は近代建築によって構成された新しい地域であり、工業地域はこうしたエリアに建設される場合が多い。イタリアの特徴はこれら両地域の建築がコンバージョンされている点にある。つまり郊外の近代建築のみならず、チェントロ・ストリコの歴史的建造物もコンバージョンの対象なのである。イタリアに多く見られるのはコンバージョン前の用途が住居・事務所系建築と産業系建築であり、住居・事務所系建築と公共・商業系建築はチェントロ・ストリコの歴史的建造物である場合が、産業系建築は郊外の近代建築であることが多い。コンバージョン前の用途が産業系建築に属していながらチェントロ・ストリコに位置する作品には、1902年の運送会社本社屋を、ショールームを有するファッション・デザイン事務所にコンバージョンしたジャンフランコ・フェレ本社(p.80)が挙げられる。

郊外に位置する産業施設のコンバージョンの代表は、屋上に自動車のテストコースを有するリンゴット(p.52)である。全長500mを超える建築の規模は複数棟からなる工業地域に匹敵する。国際見本市市場、ショッピングセンター、ホテル、劇場、美術館などの複合施設にコンバージョンされたリンゴットは、巨大な建築の規模を活かしたまさにコンバージョンならではの作品である。イタリアにはこうした20世紀初頭の産業系建築をコンバージョンした作品が多く、さらには複数の産業施設からなるエリア全体のコンバージョンを試みた事例が少なくない。そのひとつがミラノ郊外のナヴィリオ地区にあるメモリア・インダストリアル(写真1)である。服飾工場が大学教室、研究室、舞踏室、スポーツクラブ、ショールーム、レストランからなる複合施設に用途変更されたもので、この地域では同様のコンバージョンが数多く進められている。こうした事例はその近郊の工場地区にも見られ、ダニエラ・プッパ・デザイン事務所(p.64)もそのひとつである。小規模なデザイン事務所でも入居しやすい環境が整備され、その積み重ねが大規模な工場地区全体の再生につながっている。

写真1　メモリア・インダストリアルの中庭。中庭にそれぞれの用途が向き合っている

エリア全体のコンバージョンは長期的な視点に立って進められる場合が多い。したがって途中段階の作品も存在する。そのひとつにローマ市立現代美術館(p.105)が挙げられる。1912年のペローニ・ビール工場は1997年に表通りに面した3棟が美術館に転用された。エリア全体の再生に向けて残りの敷地を対象に建築設計競技が実施されたのは2000年のことである。美術館はすでに開館しているが、全体の計画はより大規模なものであり、エリア全体の完成はこれからである。もうひとつはローマのカピトリーニ博物館モンテマルティーニ・センター(p.110)である。1997年開館の博物館は郊外の発電所をコンバージョンしたものである。このコンバージョン自体は単独で実施されたようである。しかし実際にはより壮大な計画が存在する。すなわち、隣接する食肉処理場、ガスタンク、港湾施設の再利用、ローマ大学キャンパスの移設などによる学術都市の再生が検討されており、同博物館は長期的視点に立ったエリア全体のコンバージョンの一部なのである。ローマのサン・ロレンツォ地区のチェレーレ・ビル(p.88)はこうした作品の特例と言える。工場跡の廃墟に住み着いたアー

*オーストラリアを除く5カ国の作品は主に各国の主要建築雑誌から収集した。建築雑誌は1990年1月から各国の調査時(2005年)に発行されたものを対象としている。現地調査を実施した作品は多量に収集した事例のうちの代表例である。作品の収集に利用した建築雑誌はイタリアのAbitare, Casabella, Domus、フランスのL'Architecture d'aujourd'hui, Techniques & Architecture, Le Moniteur Architecture、アメリカのArchitectural Record, Architecture, Progressive Architecture、ドイツのDB: deutsche bauzeitung, Bauwelt, Detail、フィンランドのArkkitehti, Betoni, Finnish Architectureである。なお、居住施設にコンバージョンされた作品は調査対象から除外した。

ティストによる自発的なコンバージョンは四半世紀以上に及ぶ。住民の人と人とのつながりが建築の空間と空間のつながりに成就し、さらに建築と建築のつながりがエリア全体の再生へと発展しているからである。

チェントロ・ストリコにある歴史的建造物のコンバージョンもイタリアの特徴と言える。その代表は紀元前13年の劇場が要塞と化し、その後パラッツォと一体となって、今日の集合住宅に至ったマルケッルス劇場(p.144)である。紀元前の劇場がコンバージョンによって甦り、現代建築と同様に人々の暮らしを支えていること自体が驚嘆に値する。同様の事例には4世紀のディオクレティアヌスの浴場を発端としたローマ国立博物館(p.156)、15世紀の修道院に始まるフォーシーズンズ・ミラノ(p.36)、17世紀初頭のふたつの図書館に保存・改修を幾重にも重ね合わせたミラノのアンブロシアーナ・ギャラリー(p.172)、17世紀の家畜小屋兼倉庫をコンバージョンした小都市フラスカティのトゥスコラ美術館(p.114)、1836年の病院をコンバージョンしたトリノ公文書館(p.174)がある。これらのほぼすべてが各都市のチェントロ・ストリコに位置する歴史的建造物であり、住居系および公共・商業系の建築をコンバージョンした作品なのである。

歴史的建造物のコンバージョンはこうした大規模な建築に限らない。建築家マッシミリアーノ・フクサスのローマ事務所(写真2)はチェントロ・ストリコにある16世紀の中庭型パラッツォのコンバージョン建築である。上下階のフロアーを直接つなぐ1人乗りエレベータを挿入するなど、今日に必要な設備が適宜補完されており、室内環境は現代建築のオフィスのように快適である。ジャンパオロ・ベネディーニ建築設計事務所(p.97)も15世紀の修道院の一部に端を発したものである。現代建築の要素がエントランスや開口部に積極的に採り入れられ、新旧のデザインが相乗効果をもたらしている。店舗の壁面から15世紀の石細工が出現し、電子映像とのコラージュを試みたローマのデッリ・エフェッティ(p.50)のように、歴史的建造物のコンバージョンは小規模なパラッツォの一室に至るまで、様々な可能性が試みられている。

写真2　マッシミリアーノ・フクサスのローマ事務所の外観。広場に面しているだけではなく、中庭もあり快適である

歴史的建造物を単に保存・修復するだけでは満足しない。近代の産業建築を安易に建て替えることも望まない。こうした取組みが歴史的価値のある建築や近代の役目を終えた建築のコンバージョンを推進している。

2 ── コンバージョンによる立面・中庭・室内の更新［フランス］

フランスのコンバージョンにはオルセー美術館が挙げられることが多い。1986年ガエ・アウレンティによって転用されたのは、1900年パリ万国博覧会に合わせて建設されたヴィクトール・ラルー設計の駅舎オルセー駅である。フランスはこうした近代建築以外にも古典主義建築からのコンバージョンにも厚い蓄積を有しており、イタリアの歴史的建造物のコンバージョンのように都市施設として利用されている。フランスの特徴はコンバージョン前の用途とコンバージョン後の用途がともに多彩な点であり、コンバージョンによる建築操作の及んだ主要部それぞれに傾向や特徴が現れている。こうした主要部は立面、中庭、室内に大別することができる。

パリは19世紀から都市建築の立面の形状や装飾を規制している。そのため道路に面した立面は周囲の建築に合わせた保存が基本となっている。しかしコンバージョンでも立面への新たな試みが見られるようになった。こうした作品にはフランス文化省(p.82)のみならず、AXA本社屋(写真3)もある。同本社屋は1768年建築家ルイ＝マリ・コリニャン設計のヴォパリエール邸を2000年にコンバージョンしたものである。邸館はフランス古典主義建築の表情を今日も色濃く残した建築である。しかしリカルド・ボフィルは邸館の側面に当たるマティニョン通り側の立面にガラスのファサードを増設した。こうした立面に新旧のデザインを対比させる試みがコンバージョンにおいても採用され始めている。

写真3　AXA本社屋の外観。空地に面したフランス古典主義の立面と現代建築のガラスのファサードが対比された

さらにパリでは屋上への増築が見られるが、こうした作品には立面への新たな試みを伴ったコンバージョンの発展形と捉えることのできるものもある。既存の建築が増築された部分とともに大きな変容を遂げたとき、それはコンバージョンの一種であるといえる。ギョーム・ジレによる1974年のパレ・デ・コングレ(写真4)も増築が実施された。増築はポルト・マイヨ広場に面したファサードであり、クリスティアン・ド・

写真4　パレ・デ・コングレの外観。内部の高機能化や複合化とともに、外観の意図も大きく転換された

写真5　シャン=ゼリゼ劇場のファサード。劇場のファサードとは対照的に、屋上のレストランには大型の開口部が設けられた

写真6　ヴィトラのショー・ルームの外観。中庭型の集合住宅の低層部に事務所が入っている

ポルザンパルクによるものである。展示場、会議場、事務所の新設を伴い、高速化する前面道路の自動車交通に合わせた立面の増築は、用途が全く異なるものに変更された大胆なコンバージョンではない。しかし建築の高機能化や複合化が施設全体の性格を変容させた点はコンバージョンの一側面を有している。ヴィアデュク・デ・ザール(p.68)も特例である。新たに挿入された店舗のガラスのファサードと、屋上の線路に変わって整備されたプロムナードはともに新たな都市の立面を形作っている。シャン=ゼリゼ劇場(写真5)のレストランもそのひとつである。1913年オーギュスト・ペレらによって建設された劇場本体は変わらない。しかしレストランが客席の真上に当たる屋上に増築され、劇場全体が新たな社交の場に更新された。これは次世代の劇場に必要な機能の付加という劇場側の狙いに応えたものである。こうした事例はパリのコンバージョン建築の中では少数の特異な例であるが、石造建築の連続したファサードの中に点在するひとつの魅力となっている。

パリの建築コンバージョンの大半は立面の保存が基本である。そのため中庭と室内の改変を試みたものが多い。特にパリは中庭型の都市建築が多いため、こうした外部空間を周囲の諸室と関連付けながら、内部空間に変更した事例が少なくない。ガラスの屋根が葺かれ、中庭が室内やパティオになった事例には邸宅等を大学施設に転用したフランス極東学院・アジア館(p.44)、集合住宅の中庭が倉庫として利用されるようになり、その後周囲の居室とともに事務所兼展示場となったヴィトラのショールーム(写真6)、大学施設として利用されていた複数棟を統合しつつ宿泊施設にコンバージョンしたメゾン・シュジェール(p.148)、下層階が店舗で上層階が住宅という建築が建ち並ぶ界隈の1棟をコンバージョンしたジャン=ミシェル・ウィルモット建築設計事務所(p.49)が挙げられる。中庭から居室への転用には増床が見込まれており、過密な都市建築には有効な手段となっている。

室内の改変を試みたコンバージョンは内部空間の再構成に及んでいるものと、室内意匠に重点が置かれたものに大別できる。前者の代表例はギャルリー・ジュ・ド・ポム(p.160)である。現代建築特有の斜めに切り込む空間が様式建築に採り入れられ、内部空間の更新が実施された。コンクリートのヴォリュームが宙に浮くオランジュリー美術館(p.112)も、地下階を新設しつつ、空間構成の改変が大胆に試みられた事例である。また映画館MK2セーヌ河岸館(p.178)も地下階を利用しながら巧みに映写室を収容したという点において空間構成を変更したコンバージョンである。室内意匠に重点の置かれた代表作は、1階の床・壁・天井を1枚の鉄板で包み込むという新たな試みを実施したパヴィヨン・ド・ラルスナル(p.166)である。ヴォールトによって天井高のある2階に対して、1階の天井高を低く抑えて両者を対比させる試みは、単なるインテリア・デザインの範疇に収まるものではない。またジャン=ポール・ゴルチエ本社屋(p.155)は大空間を有する集会場の独特な室内意匠の特徴を細部に至るまで緻密に活かした作品であり、デザイナーの趣味を建築に表現した作品である。

パリの建築コンバージョンの特徴は既存建築の構造体を堅持しつつ、歴史的・文化的価値のある建築にも現代建築のデザインや要素が積極的に採り入れられている点にある。こうしたコンバージョンの魅力が集約された作品のひとつにギャルリー・コルベール(p.40)が挙げられる。1826年、邸館のふたつの中庭を中心にコンバージョンによって誕生したパサージュとその1街区は、再びコンバージョンによって大学施設と研究機関に甦った。今日の要求に応えるために、保存、増築、改築、修繕、復元、破壊、解体などあらゆる手法が採用されるとともに、現代建築特有の要素が積極的に採り入れられている。建築の枠組みを堅持しつつ、各時代のデザインや要素を柔軟に採り入れるコンバージョンが建築の価値の向上と運用期間の長期化を促している。

3 ── 近代産業建築遺産の再構築[ドイツ]

ドイツは第二次世界大戦後東西に分裂し、西側は重工業の発展による急成長を成し遂げた。しかし1990年東西ドイツが統合し、一部の重工業が衰退すると、建築需要も大きく変化した。そのひとつはボンからベルリンへの首都移転による都市施設の需要拡大である。首相官邸や官庁建築のみならず、ソニー・センターやギャル

リー・ラファイエット百貨店など、公共および民間の両者による新築が相次いだ。しかし新築のみではなかった。同時に役目を終えた産業施設がオフィスやホテルなどの都市施設にコンバージョンされたのである。コンバージョン前の用途に産業系建築が多い理由のひとつは、こうしたベルリンの建築需要の変化にある。ゆえに中心部のみならず郊外の産業施設もコンバージョンの対象となっている。

典型例のひとつはイーヴェルク(p.84)である。東西ドイツ時代、ベルリンの壁に隣接する施設への警戒には計り知れないものがあった。しかしベルリンの壁が崩壊すると、その立地は申し分ないものに転じた。都市施設の急速な需要拡大が推し進めたコンバージョンの痕跡は、新旧のデザインが融合した内外に現れている。ベルリンの中心部に位置するプフェファーベルク(写真7)はアーティストの先導的活動がコンバージョンを推し進めた事例である。ビール醸造所やチョコレート工場がギャラリー、アトリエ、飲食店として利用されるようになり、段階的なコンバージョンがアドホックな都市空間を生み出している。またライヒスバーン=ブンカー(写真8)も中心部にある建築のコンバージョンである。1942年アルベルト・シュペーアの指導のもとで建設された燃料庫が荒廃した。燃料庫がイーヴェルク同様テクノ音楽等の巣窟になった後、ギャラリーにコンバージョンされたのは2002年のことである。

こうした産業施設のコンバージョンは郊外にも及んでいる。発電所をオフィスに転用したメタ・ハウス(p.92)、1876年のビール醸造所を映画館、事務所、集合住宅、スタジオ、クラブ、カフェなどの複合施設にコンバージョンしたシュルツハイス醸造所(写真9)、1928年の発電所をオフィスに転用したアブスパンヴェルク・シャルンホルスト(写真10)、工場施設を大学施設や研究所として利用され始めたAEGフムボルトハイン工場(p.58)はその代表であり、こうした事例は複数棟のコンバージョンがエリア全体の段階的な再生を促すという特徴も有している。

コンバージョン前の用途が産業系建築に属する作品が多いもうひとつの理由は地方にある。その代表はルール地方である。西側が第二次世界大戦後ドレスデンなどの東方の工業地帯を失ってから、ルール地方は隣国と鉄・石炭の需給バランスを保ちつつ、ドイツを世界有数の工業国に押し上げた。しかし1970年代以降産業移転は施設の放棄を加速させた。こうした産業地域の再生を試みたもののひとつに1980年代末のIBAエムシャーパーク構想がある。この保全・開発事業のひとつが近代の役目を終えた産業施設のコンバージョンであり、工業地域を業務地区や文化都市に変貌させる試みが始まっている。

そのひとつにツォルフェライン炭坑がある。当時世界最大規模を誇った炭坑施設全体は東西1.5km、南北1.0kmに渡る。エリア全体のマスター・プランはレム・コールハース率いるOMAが担当し、施設のみならず周辺の緑地も考慮した提案が検討されている。ビジター・センター(写真11)もOMAによってコンバージョンされたもので、炭鉱施設そのものへの興味を喚起させるよう、コンバージョンの工事は最低限に抑えられた。隣接する炭鉱施設もコンバージョンされており、レッド・ドット・デザイン・ミュージアム(p.116)のみならず、クリストフ・メクラーによる洗濯工場からコンバージョンされたバレエ・センターもそのひとつである(写真12)。段階的なコンバージョンが広大な炭鉱全体を総合産業文化地区に転換し始めている。デュースブルク近代美術館(p.108)もルール地方の保全・開発事業の一環であり、インナー・ハーバー再開発の一事業である。居住・業務・文化施設からなる国際業務地区に転換されたインナー・ハーバーは新旧の建築によるものであり、コンバージョンならではのものに他ならない。1929年当時欧州一の規模を誇ったコークス製造所兼ガス・タンクが展示施設ガゾ・メーター・オーバーハウゼン(写真13)に転用されたのは1994年のことである。隣接するヨーロッパ最大のショッピングセンターにふさわしいシンボルはコンバージョンによるものなのである。

ドイツの建築コンバージョンは遺構を文化施設のアネックスにコンバージョンしたヴィッテン文化センター(p.38)のように建築的に質の高い作品もある。しかし多くの作品は重工業施設を活かして、都市施設や文化施設に転用したものであった。東西ドイツ統一後の都市建築の発展と産業施設の空洞化解決のためにコンバージョンが採用されている。

写真7　プフェファーベルクの外観。アーティストによる作品が見られる

写真8　ライヒスバーン=ブンカーの外観。当時の外観は健在である

写真9　シュルツハイス醸造所の外観。外壁レンガ造の建築が複合的にコンバージョンされている

写真10　アブスパンヴェルク・シャルンホルストの外観。発電所当時の外観は変わっていない

写真11　ツォルフェライン炭坑跡内のビジターセンターの外観。斜めに飛び交うヴォリュームに合わせて、エスカレータが新設された

写真12 ツォルフェライン炭坑跡内のバレエ・センターの外観。大小の空間が用途に合わせて適宜利用されている

写真13 ガゾ・メーター・オーバーハウゼンの外観。ここまで突出した建築はコンバージョンならではである

写真14 テニスパラッツィの外観。円弧を描く形状は屋内テニスコートの記憶である

写真15 パン工場から芸術学校に転用された。大型の開口部が多いのは奥まで自然光を採り入れるためである。こうした点が芸術学校へのコンバージョンに有利に働いた

4 ── 港湾地区と産業地区のコンバージョン［フィンランド］

フィンランドにおいても産業系建築がコンバージョンされた作品が多い。ただしヘルシンキにはコンバージョンを加速させたふたつの特有の事情があった。ひとつは1970年代から1980年代に始まった建築保存政策である。安易な建替えが認められないため、地域に適合できなくなった建築はコンバージョンによって新たな用途の建築に甦っている。中心部の代表例は1938年の室内テニスコートを、映画館や美術館をはじめとする文化・レクリエーション施設にコンバージョンしたテニスパラッツィ(写真14)である。

もうひとつの事情はコンパクト・シティーである。中央駅から港湾地区までの距離が短いため、空洞化した港湾地区の都市化が比較的容易であり、産業施設から都市施設へのコンバージョンが大都市よりもはるかに有効に働いた。したがって都市の主要施設が港湾地区に進出し、大規模な建築コンバージョンが都市の拡張を促している。こうした事情はフィンランド第3の都市トゥルクにもあてはまる。

港湾地区の代表例のひとつは1940年の醸造所兼事務所をコンバージョンしたヘルシンキ裁判所(p.76)である。司法の場も港湾地区への移転に戸惑いはなく、既存建築のコンバージョンを拒まなかった。もうひとつはノキアの最大級のケーブル工場を総合文化施設にコンバージョンしたカアペリ(p.54)である。こうした都市を代表する重要施設へのコンバージョンが港湾地区という産業エリアから業務・文化を中心とした都市エリアへの転換を推し進めている。サイロを事務所にコンバージョンしたステークス・アンド・セナト社屋(p.90)も港湾地区の段階的な再生の一環である。同地区にある1924年当時北欧最大級のパン工場も余裕のある天井高がダンスホールや絵画・彫刻スタジオに有効であるため、芸術学校(写真15)にコンバージョンされ始めている。こうした一連のコンバージョンがひとつの港湾地区をオフィス、学校、図書館、スタジオ、アトリエなど事業施設から文化施設までを有する地域に転換しつつある。トゥルク・アート・アカデミー(p.120)も同類のコンバージョンであり、特例にはスオメンリンナ島(p.106)がある。

一方産業地区のコンバージョンの代表例はフィンランドを代表するガラス器、アラビアの工場群である。規模が甚大であるため、アラビアンタ再開発計画によるコンバージョンは増築棟を伴いながら段階的に進められている。産業エリアに美術館、図書館、学校、劇場、メディア・センター、ショールーム、ショップ、レストランなどの文化を中心とした幅広い用途を複合的に採り入れることによって、文化・教育・観光拠点の形成がヘルシンキ郊外でも試みられている。レンガ造建築に現代建築特有のガラス建築が挿入されたアラビア・ファクトリー(p.62)はそのひとつで、このエリアの中心となっている。音楽ホールの増築を伴ったヘルシンキ・ポップ・アンド・ジャズ音楽学校(p.134)、テレビスタジオ、映画館、講堂などの増築を伴ったメディア研究開発センター、最北端の工場棟を大学施設にコンバージョンしたヘルシンキ・ポリテクニク・スタディア(p.130)もその一環である。複数棟と中庭によって構成されたトゥルクのアボ・アカデミー芸術学部、アルケン(p.132)も産業地区のコンバージョンなのである。北欧デザインを牽引するフィンランドでは、港湾地区と産業地区がコンバージョンによって文化・教育地区に生まれ変わっている。フィンランドは産業国から文化国への転換を図っているが、文化施設や教育施設へのコンバージョンも同時に実施されている。

5 ── コンバージョンの多技［アメリカ］

アメリカの場合はコンバージョン前の用途に偏りがなく、様々なコンバージョンが実施されている。こうした点はフランスと同様である。したがってコンバージョン前の用途に特徴はないが、コンバージョン前の用途ごとにいくつかの特徴が現れている。

ひとつは住居・事務所系建築に分類された超高層建築のコンバージョンである。ニューヨークの代表例のひとつはトランプ・インターナショナル・ホテル＆タワー(p.32)である。その特徴は構造体以外の内外装材がすべて取り替えられた点にある。ニューヨークのハドソン・ホテル(p.33)のように外に新築棟を一部付加する試みはあ

る。しかしここまで大掛かりな刷新を行ったものは稀有である。超高層建築においても都市建築の外観を保存するという考え方は変わらない。シカゴのリライアンスビルをコンバージョンしたバーナム・ホテル(p.34)はほとんど外観を変えずに用途を変更した代表のひとつである。アール・デコ様式の装飾を最大限保存・修復したシカゴのハードロック・ホテル(p.30)も同様で、こうした既存建築の付加価値はコンバージョンでしか得られないものである。1932年のPSFS銀行本社屋をコンバージョンしたフィラデルフィアのロウズ・ホテルは頂部の看板に至るまで外観の保存が徹底され、建設当時ランドマークとなった国際様式建築の顔は変わっていない。このように超高層建築のコンバージョン後の用途がみなホテルである点もひとつの動向として捉えることができる。

もうひとつの特徴は郊外に位置する多くの産業系建築が芸術分野の教育施設にコンバージョンされている点である。バス修理工場兼操車場をコンバージョンしたカリフォルニア美術工芸大学モンゴメリ・キャンパス(p.128)、貨物倉庫を利用した南カリフォルニア建築学校(p.126)、風洞実験施設を転用したアート・センター・カレッジ・オブ・デザイン、南キャンパス(p.124)が挙げられる。産業系建築は大空間を有した施設が多いため、大小様々な教室、アトリエ、スタジオを必要とする芸術分野の教育施設には最適である。また都市の中心部ではなく、郊外に位置している点も教育施設には好都合である場合が多い。逆に都市の中心部に位置する産業施設はその立地を活かして商業建築にコンバージョンされている。その代表はチェルシー・マーケット(p.136)である。その波及効果はヴィトラ・ショールーム(p.142)、コム・デ・ギャルソンのショールームなどの商業施設へのコンバージョンを促しており、地域全体の再生につながっている。

公共・商業系建築のコンバージョンの特徴はその規模が大きい点にある。用途も多彩で、郵便局、小学校、図書館、百貨店、展示場という一般的な施設のみではない。路面電車駅舎、鉄道終着駅舎、埠頭施設といった駅のコンバージョンも見られる。小学校を美術館にコンバージョンしたニューヨークのP.S.1現代美術館(p.163)を除き、馴染みある施設のコンバージョンは都市の中心部に位置することが多い。郵便局のコンバージョンの代表はワシントンD.C.のポスト・オフィス・パヴィリオン(p.154)である。またニューヨークにあるアップルのショールームも1920年代の小さな郵便局のコンバージョンである(写真16)。ロバート・ミルズによる1839年のワシントンD.C.の郵便局も国際貿易委員会が利用した後、モナコ・ホテルにコンバージョンされた(写真17)。様式建築の外観とアール・デコ調の内観が組み合わされた建築はコンバージョンならではである。大胆な造形操作を加えた作品もある。ニューヨーク・パブリック・ライブラリー・SIBL(p.168)は床スラブを撤去し、書庫を新設した。またサンフランシスコのアジア美術館(p.158)はガラスの大屋根を新設することによって棟間のバックヤードがアトリウムに更新された。さらにニューヨーク市立大学バルーク・カレッジ図書館およびテクノロジー・センター(p.170)では、最上階に1層およびガラスの大屋根の新設が試みられた。こうした大規模建築のコンバージョンでも大掛かりな工事を辞さないのはアメリカの特徴である。

写真16　アップルのショールームの外観。シンメトリーの立面に合わせて、ショールームの平面もシンメトリーを尊重している

写真17　モナコ・ホテルの外観。外観とは異なる近代的な内部空間を広がっている

駅のコンバージョンも多彩である。一例には1895年のリーディング・ターミナルをコンバージョンしたフィラデルフィア・コンベンション・センター(p.173)、ホテル、リクリエーション、ショッピングセンター、レストランなどの複合施設にコンバージョンした1894年のセント・ルイス・ユニオン・ステーション、1919年のジャクソンヴィル・ターミナルを転用したプライム・オズボーン・コンベンション・センター、1933年のユニオン・ターミナルを転用したシンシナティー・ミュージアム・センターがある。長距離移動が鉄道から航路に移り変わったため、ターミナル機能が縮小し、空洞化した終着駅舎の再活用がコンバージョンによって導かれたのである。サンフランシスコのフェリー・ビルディング(p.152)のように埠頭施設のコンバージョンの背景も利用目的の変化によるところが大きい。

アメリカの建築コンバージョンは大変バリエーションに富んでいる。コンバージョンは都市および郊外の両者において実施されており、コンバージョン前後の用途も実に多彩である。こうしたコンバージョンは建築操作の多技に支えられている。

コンバージョンは近年始まった新たな建築手法ではなく、イタリアやフランスに見られるようにつねに繰り返されてきたひとつの建築行為である。それはアメリカやオーストラリアにおいても採用されている。建築を取り巻く状況は国や地域において大きく異なるが、それぞれの課題に対応したコンバージョンが試みられており、いずれの国々においても着実な成果が挙げられる。我が国においても建築基準法に基づいて用途変更が認められており、こうした試みが少しずつ実現しつつある。コンバージョンを一時の限定的なものと捉えるのではなく、幅広い建築に定着させることが求められている。新たな時代を迎える我が国においても、欧米諸国と同様にコンバージョンによる建築と地域の発展が望まれる。

マクロなコスト・ダウンによる
建築コンバージョンの推進序説
鳥海基樹

1 ── 氷河期の到来

本稿を執筆している2008年2月現在、Amazon.co.jpで「コンバージョン」をキイワードに検索をかけると36件のヒットがあり、9件が建築関連書籍である。そこからさらに「この商品を買った人はこんな商品も買っています」を除けば、「団地再生」「リノベーション」「東京R不動産」といったキイワードで括れる書籍にリンクしていく。また、国立情報学研究所が運営する学術論文検索システムCiNiiで、「コンバージョン」と「建築」をキイワードに検索をかけると158件のヒットがある。つまり、建築コンバージョンはすでに人口にも膾炙しているし、研究にも一定の蓄積がある。また、わたくしが専攻する都市計画分野においても、持続可能性、都市再生、コンパクト・シティ、中心市街地活性化、あるいは創造都市といった理念を語る際に、建築コンバージョンはしばしば引合いに出されてきた。

つまり、必要な技術、クリアすべき規制、あるいは計画理念はすでに提示されている。にもかかわらず、我が国ではコンバージョンが建築・都市計画界の期待ほどには普及していない。それどころか、氷河期を迎えつつある。なぜか。以下に、わたくしの専攻する都市計画学を視座に、順不同で理由を列挙してみよう。

■ 都心部雑居ビル集中地区でのコンバージョンが不要になった

コンバージョン研究を一躍流行させたオフィス2003年問題はあっさりと乗り切られ、例えば東京都心5区のオフィスビルの平均空室率は2007年12月であれば2%台半ばとなるなど底堅い引合いに支えられている。8%を超えていた2003年には想像できなかった水準だ*1。この堅調な需要は白看板だらけだった雑居ビル集中地区にも及び、灯りの点るオフィスが徐々に増えてきた。こうなるとオフィス賃貸低迷期に大学に盛んにコンバージョン研究を求めてきたビル・オーナーたちは変心し、ほどほどのリノベーションで済むオフィスとしての借り手を待つことになろう。

■ 地方都市中心市街地でのコンバージョンも劣後要件にすぎない

地方都市におけるシャッター通りの処方箋として、コンバージョンが引き合いに出されることがある。しかし、地方都市で中心市街地活性化に成功しているのは、それ自体が魅力を有する歴史的建造物を活用した事例か、郊外大型小売店舗にはないキラー・コンテンツを発明し涵養した事例か、あるいはその双方をなしえた事例である*2。つまり、コンバージョンは地方中心市街地活性化の必要条件でも十分条件でもなく、優先要件が満たされた上での劣後要件にすぎない。

■ そもそもコストがかかりすぎる

そもそも論として、コンバージョンがスクラップ・アンド・ビルドよりもコスト面で劣等であることが決定的である。建築基準法や消防法への合致コストは新築の方がはるかに小さい。また、昨今の鉄材の値上がりは鉄骨造建築の取壊しコストを押し下げ、容積率緩和型都市計画は建替えによる余剰床の形成を容易にしている。さらにコンバージョンは個性的な物件を生み出せるものの、nLDKやワン・フロア・オフィスという一般性を好む日本社会では転売が困難になるという弱点を孕んでいる。

2 ── 研究継続の必要性

とは言え、コンバージョン氷河期が持続可能なものかと言うと疑問符がつく。つまり、行為自体は当面不要でも、研究不要論には直結しない。なぜか。ここでも都市計画学を視座に、思いつくままに理由を列挙してみよう。

■ 大規模集客施設の郊外立地が不可能になる

2007年11月末から改正都市計画法が全面施行され、それまで事実上野放しであっ

*1 三鬼商事(株)調査。対象は基準階面積100坪以上の主要賃貸事務所ビルで、新築ビル35棟、既存ビル2,584棟である。ちなみに、同期の生駒シービー・リチャードエリス(株)による階数4階以上、賃貸用オフィスでエレベータ付きのものを対称とした調査からは、都心5区では1.8%と低水準で、大阪でも5.6%と2003年6月の11%からは大きく持ち直した状態がわかる。

*2 例えば、中小企業庁が2006年に発表した『がんばる商店街77選』を見ても、まずはアイデアありきであり、コンバージョンは劣後要件であることを再認識できる。

た大規模集客施設、すなわち10,000m²以上の店舗やシネマ・コンプレクス等は、近隣商業地域、商業地域、準工業地域においてのみ立地可能となった。その結果、郊外出店を企業戦略としてきたイオンやヤマダ電機が都心進出を始めるなどの現象が出始めた。その際、新規建設と同時に既存ビル改修の選択肢があり得るが、持続可能性の潮流の中、後者が望ましいのは明白だ。ヨドバシカメラ新宿西口マルチメディア館のように、複数の雑居ビルを呑み込みながらコンバージョンが進む可能性が生まれている。

■ 都心の過疎化が再度起きる

都市部のオフィス空室率は低水準で推移しているが、団塊世代の一斉退職によるオフィス・ワーカーの減少は数年後に確実に発生する。労働者人口総数というパイが小さくなる上に、高機能大規模ビルの建設は都市再生政策の後押しもあり堅調なのだから、真っ先に空洞化するのは、賃料操作でも設備投資でも競争力のない上述の雑居ビル集中地区であろう。現在のように景気回復のおこぼれに預かることは期待できまい。オーナーの経済力低下により荒廃するままとする選択肢もあるが、望ましいことではない。上記の大規模集客施設を誘致するのは雑居ビルの規模からして難しい。そうなるとSOHOやアトリエ、あるいは都心居住の受け皿となるコンバージョンが必要となろう。

■ 一部地方都市の生き残りを後方支援する

上述のように、コンバージョンが劣後的とは言え地方都市中心市街地の後方支援の手段となる。また、中山間地域の過疎地で取り壊される古民家の再生マーケットが形成され始めた。『monoマガジン』のワールドフォトプレス社が発行し、2008年1月には第9号が刊行された『古民家スタイル』のような一般誌までが流通しているのである*3。ここでは、即地的なコンバージョンのみならず、部材の一部利用や移築、リロケーションといった手法も展開されているが、在来工法で対応できる部分も大きいため、団塊世代を対象とした流通市場は、オフィスビルのコンバージョンよりも期待がもてるかもしれない。

すなわち、現在は氷河期でも、建築コンバージョンが再度必要となる可能性は少なからずある。

ただ、もはやオフィス2003年問題に派生した問題意識だけでは、コンバージョンが建設業界において確固たる一分野を構成できないことは、これまでの経験から明らかである。であれば、いかなる戦略が必要なのか。

3 ── 制約の本質と克服の戦略

ここまでの議論をまとめると、コンバージョンは氷河期を迎えつつあるものの、都市計画の動向や人口の動態等から、まさに氷山の一角であるかもしれないが、雪解けは遠からずあるかもしれないことがわかる。しかし、それら外生的条件では解決できない問題がある。コストだ。

あまたの類似調査はあるものの、ここでは独立行政法人建築研究所が2004年3月にまとめた『ストック技術開発と改修事例に関するアンケート調査』を見てみよう*4。

改修時の制約に関する設問では、「コスト」「転用に伴う法規制の適用」「図面等の不足」が「とても制約となる」という選択肢の上位3項目となっている(図1)。では、いかにすればコスト・ダウンが可能なのか。

まずは、ふたつ手法が考えられよう。一方は技術開発を、他方は規制緩和を通じるものである。ところが、上記アンケートによれば、さすがは日本の建設関係者、技術開発に関わる支援は不要であると言う。しかし、法令合致のために発生するコストが大きく、既存不適格に対する規制緩和への要求は強い。したがって、外国事情を紹介する本論には、そのような調査が要求されよう。

しかし、方法はこのふたつだけであろうか。もし、建築コンバージョン自体のコストを圧縮できなくても、それが正の外部経済を発生させることが予見可能であれば、そのコンバージョンに補助金を付与したり、コンバージョン後に増加した受益者の利益の一部を発生者に還元することで、コスト負担の軽減を図ることはできないか。あるいは、それを次のコンバージョンに補助金として還流していっても良いだろ

---

*3 同時に、日本民家リサイクル協会:『民家再生の技術』、東京:丸善、2007年12月、のような専門書も刊行されつつあり、巷間の流行を支援する技術の洗練も進みつつあることがわかる。

*4 本アンケートを引用する理由は、同研究所のウェッブ・サイトからダウンロード可能であるという汎用性に加え、トップ5社を含む大手ゼネコン27社が回答を寄せているためである。これは、ストック改修のマーケット開拓の先陣を走る集団の意見が反映され、さらにサブコンの動向も間接的に含めた広範な意向調査と考えられることを意味する。ただ、本アンケートの主題はストック活用であり、必ずしもコンバージョンを伴わないことを失念するまい。

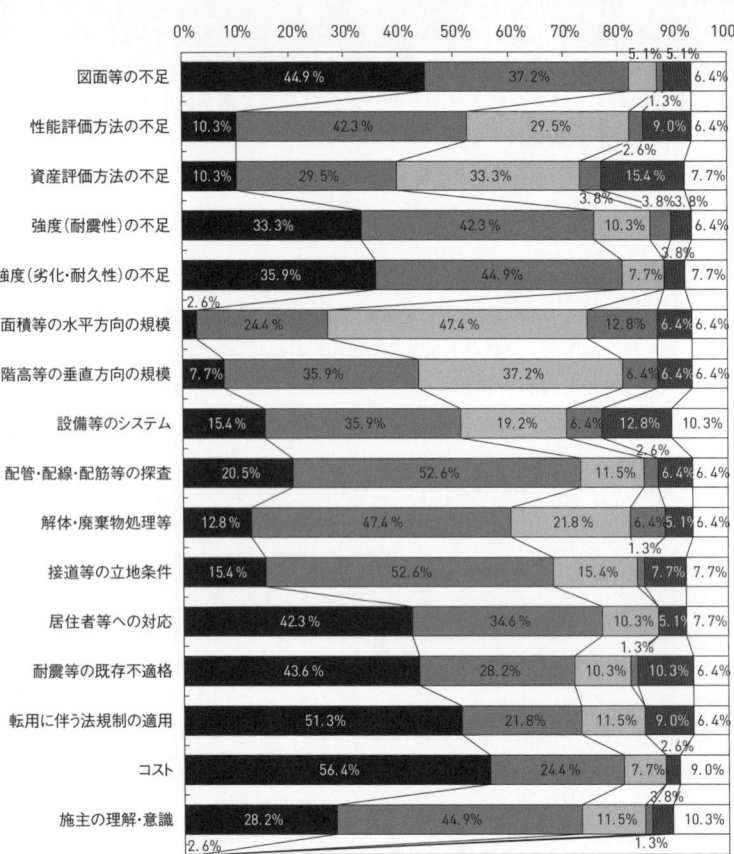

図1　ストック技術開発と改修事例に関するアンケート調査（独立行政法人建築研究所、2004年3月）

う。つまり、建築というミクロの視点ではなく、都市というマクロな視座でコンバージョンを考察してみる必要があるのだ。

自画自賛となるが、そのためにも小林克弘教授や橘高義典教授のグループによる建築意匠学や建築材料学を視座とした研究は重要である。美的操作が稚拙であったり、材料の時空間調和が達成されていない建築に人が惹かれるはずがなく、波及便益もより少ないものになってしまうからだ。

さて、では、フランスの建築・都市計画を研究するわたくしにできる貢献は何か。これまでの議論を踏まえれば、コンバージョンのための建築・都市計画規制の緩和の実態や、それによる波及効果を論じていくこととなろう。この主題に関して、なぜフランスかと言えば、日本の行政組織は、各種制度設計に際して外国の事情を確認するのを常態とし、また昨今の規制緩和の論議でも、外国の事例を引合いに論戦が展開することが少なくない。その際、フランスはしばしば引合いに出される参照体系としてある。

ただ、経験的に、外国の制度を直接的に紹介して意味があるのは、規制の構築に際してである。むしろ、緩和に関しては、自身が推進する別の政策に供する形であるとか、他の省庁の権益奪取を支援する形での施策が、海外ではあり得ることを示す方便が有効である*5。無論、安全性の確保は必須だが、個別裁量的な判断はあり得るだろう。その手間をかけるだけの外部効果が、コンバージョンにあり得るのだということを示すのである。

4 ── 文化財保護と外部効果の測定

フランスにおいては、文化財保護分野での費用便益分析が盛んである*6。そして、これはコンバージョンと無縁ではない。そのためには公的予算が投下されるため、それを軽減し、かつ投資に見合うだけの効果を生み出すための活用が必要で、コン

*5　なお、改変が不可能だが活用されなければ荒廃し、行政自ら修復費用を負担せざるを得なくなる文化財建造物では、比較的規制緩和の同意は形成しやすいだろう。実際、我が国でも国宝・重要文化財・景観重要建造物等は建築基準法の適用除外物件である。ただ、消防法規はその限りではなく、それらの保存・活用で障害となることが少なくない。この問題に関して、鳥海基樹・村上正浩・後藤治・大橋竜太：「フランスに於ける公開文化財建造物の総合的安全計画に関する研究-安全性能規定の体系、公的安全マニュアル、ルーアン大聖堂に於ける検証とモデル化」、『日本建築学会計画系論文集』、第627号、2008年5月、は、フランスにおける克服法を分析している。優品で適用された技術を、劣後物件にも拡大していく戦略もあるのかもしれない。

*6　無論、我が国でも盛んである。例えば、青山吉隆(他)：『都市アメニティの経済学-環境の価値を測る』、京都：学芸出版社、2003年、や、垣内恵美子：『文化的景観を評価する-世界遺産富山県五箇山合掌造り集落の事例』、東京：水曜社、2005年、がアクセスしやすい。

バージョンが要請されることが少なくないからである。

例えば、管見の限りにすぎないが、2007年3月に水曜社から『フランスの文化政策-芸術作品の創造と文化的実践』を上梓したクサヴィエ・グレフは、そもそもはパリ大学の経済学の教授であり、仏語で多数の文化財経済学の著書があるし、2005年12月には、欧州議会が『未来のための文化財-本質的切り札の経済的・社会的ポテンシャルを開拓する*7』を発行している。これらはいずれも建築コンバージョンを直接的主題とはしていないが、上述のようにそれが文化財建築の活用と密接な関係を有することを勘案すれば、コンバージョンの波及効果測定技術を類推させよう。とりわけ、後者には社会学的視座による波及効果の分析が複数あり、貨幣価値として顕在化する部分にのみ注目する経済学に支配されがちな我が国の政策評価論にとっても興味深い。

また、2007年5月には、スカラ社から『コンバージョンされた文化財—軍事建築から民間建築まで*8』が刊行されたが、これまでに出版された文化財建造物の活用事例集と異なり、建築専門のカメラマンが起用されたヴィジュアルなもので、文化財保護学ではなく建築意匠学・建築材料学的に参考になりそうなものである。上述のように、この種の事例集はコンバージョン・デザインの洗練を推進し、投下された費用との比較衡量が必要ではあるが、より大きな波及効果を産出することとなろう。

さて、以上は文化財保護を切り口とした建築コンバージョン論であったが、非文化財建築に関してはどうなのか。ただ、その前に、西欧と日本の都市計画制度の差異を明確にしておかなければなるまい。その作業なしに西欧事情を述べたところで砂上に楼閣を築くようなものである。

フランスを引合いに出し続けると、我が国に比較して多くの物件が歴史的環境保全制度による保存の対象となり外観操作が規制されているし、歴史的モニュメントを中心とした半径500mの領域内では、建設許可申請に際してそれとの景観的調和が要求される*9。さらに、基礎自治体に完全に分権された都市計画によっても、1993年の景観法以降はファサード保全を課すこととなり、例えばパリ市は外観を維持しながらの内部での更新を容易にするための容積率の特例制度を構築している*10。さらに、言わずもがなではあるが、西欧諸国の多くはとりわけ石材による組積造構造で建物を建設してきた伝統と制約から、スクラップ・アンド・ビルドによる建物更新が困難であり、コンバージョンは意図せずとも実施されてきた。

5 —— 非文化財建築コンバージョンの時代の到来

以上のような文脈からであろうか、フランスにおいては非文化財建築のコンバージョンやリノベーションは特別扱いすべき主題とは言えず、これは現在もそう変わることではない。ただ、若干の変化が見られたのが、管見の限りではあるが、1990年代である。思いつくままに理由を順不同で挙げる。

■コンバージョンの政治化による人口への膾炙

ジスカール・デ=スタン大統領治下で着手されたオルセー美術館の完成、フランソワ・ミッテラン大統領によるグラン・プロジェで推進されたルーヴル美術館の大改造やラ・ヴィレット公園の食肉市場のコンバージョンは、政治的論点となったことで広く人口に膾炙した*11。確かに、これらには公的資金が注入されているので一般建築の扱いとは別にすべきだし、デザインには批判も多いが、その経済的波及効果の大きさは否定できまい。

■レ・アール・ショックによる19世紀建築と産業遺産への関心

1971年、パリ市中心部のレ・アール市場にあったヴィクトール・バルタール設計の建物が破壊された。論争が、保全か破壊かの二元論に陥り、活用の模索が十分になされなかった戦略ミスであった。とは言え、これが19世紀建築と産業遺産への関心を高揚させ、その保全的刷新の手段としてのコンバージョンが1990年代になり本格化した。

■産業構造の転換によるブラウン・フィールドの発生

仏語でブラウン・フィールドを意味するfriche industrielle（直訳すれば工業的荒れ地）という術語が1990年代の都市計画のキーワードのひとつとなったように、産業

*7 (actes du colloque), Un patrimoine pour l'avenir – Exploiter le potentiel économique et social d'un atout fondamental, Strasbourg, Conseil de l'Europe, décembre 2005.
*8 GODET Olivier et FOUGEIROL Nenoît, Patrimoine reconverti – Du militaire au civil, Paris, Scala, mai 2007.
*9 フランスにおける歴史的環境保全制度に関しては、独立行政法人東京文化財研究所国際文化財保存修復協力センター（編著）:『フランスに於ける歴史的環境保全-重層的制度と複層的組織、そして現在』、2005年3月、を参照のこと。
*10 都市計画を通じた景観の保全的刷新に関しては、鳥海基樹:『オーダー・メイドの街づくり-パリの保全の刷新型「界隈プラン」』、京都:学芸出版社、2004年4月、を参照のこと。
*11 グラン・プロジェの政治性に関しては、CHASLIN François, Le Paris de François Mitterrand, Paris, Gallimard, 1985、のような同時代的分析から、直近ではLUSTE BOULBINA Seloua, Grands Travaux à Paris: 1985-1995, Paris, La Dispute, novembre 2007, 等の分析があり、今後はそれがコンヴァージョンに与えた影響評価分析もする必要があろう。

構造の転換により工場跡地が大量発生し、前記の学術的動向にも支援されながら、コンバージョンにより地域の活性化をする方途が模索された*12。
■住宅ストックの変容への対処
高度成長期に大量に建設された公共集合住宅が一斉に改修期に入ったため、リノベーション技術の発展とデザインの洗練が見られたのもこの時期だし*13、田園におけるセカンド・ハウスの需要の高まりは、農家建築のコンバージョンやリノベーションを加速させた*14。
■好景気によるオフィス需要の高まり
パリでは、1977年の都市計画で、街なか居住推進のため業務系建物の容積率の切り下げやラ・デファンスへの分散政策を採ったものの、オフィス需要の高まりは1994年の都市計画改定において一部中心市街地での業務系建物の容積率の緩和につながり、コンバージョンが進んだ。
このような潮流の中、例えば2000年にはフィリップ・シモンによる『転換建築-パリに於けるリハビリテーションとコンバージョン*15』がパリ市の都市計画広報施設であるアルスナル・パヴィリオンから発行される。また、2005年には30年来産業遺産のコンバージョンを手がけてきたライシェン&ロベール事務所のベルナール・ライシェンがフランス施設省の都市計画大賞を、同様に40年来農家建築の保全的刷新を手がけてきたフランス農家協会が欧州連合（EU）のヨーロッパ・ノストラ賞を受賞するなど、非文化財建築のコンバージョンとリノベーションが公的にも確固たる位置付けを獲得していく。

6 —— 事例収集の視角

さて、こうして見ると、我が国との類似性が炙り出されてくる。つまり、コンバージョンは都心や郊外の斜陽地域の再生のために実施され、かつ意図的ではないにせよ、政治的動向がそれを加速させるという点である。つまり、上述の、やや遠回りな戦略に沿って言い換えれば、建築コンバージョン推進には規制の適正化が必要で、そのためには個別具体的な裁量的判断を通じるのが適切だが、その手間をかける価値がある、ということである。と言うのも、それにより実現される地域再生の効果は、無論、単純な比較衡量は戒めるべきではあるものの、西欧の事例から類推しても小さくなく、また、それは国土交通省が推進する都市再生や中心市街地の活性化、景観の保全的刷新、経済産業省が新規に着手した産業遺産の活用、農林水産省が目をつけた文化的景観という名の農村振興等の政策とも合致する。

この視座のもと、わたくしは事例収集を実施したが、小林教授グループが意匠系建築雑誌のレヴューから取材先を選択していったのに対し、わたくしは、橘高教授とぶっつけ本番で臨んだオーストラリア以外、主に当該国の建築・都市計画担当の行政官を通じて調査先を洗い出していった。地域の活性化の定量的把握は可能でも、建築コンバージョンというパラメータの寄与率は不明であり、都市の現状を長年に渡り広範に知悉している建築・都市計画担当行政官の知見の信頼性は充分に高いと判断したからである。

ただ、我が国の建築・都市計画・文化財保護の財政状況と、本研究に投入できる時間資本の制約から、以下の条件を設定した。

まずは、美術館と博物館を除外した。これまで歴史的建造物の活用と言うと、コレクションも完成後の運営費もないのにギャラリーを作ってしまっていたが、小さな政府への潮流の中で公的補助を当てにすることが困難になっている。文化庁の年間予算は1,000億円程度で横ばいなのに、文化財の数は増加の一途である。指定管理者制度や市場化テストの導入で、避難先であった美術館や博物館、あるいは公民等への転用も、その後の施設運用経費まで含めた費用便益分析により困難になっている。

次に、小規模物件を割愛した。とりわけ外国の事例に範を求める場合、店舗や住戸という建物単位での保全的刷新は無限にある。上述のように、街づくり三法の潮流に加え、規模の経済を強調する我が国の都市再生政策は、むしろ中心市街地におけるショッピングモールや集合住宅の事例調査を要求していると推断した。また、中

*12 その一方策がエコ・ミュージアムへの転用であり、邦文でも、大原一興：『エコミュージアムへの旅』、東京：鹿島出版会、1999年、等の紹介書があるし、ドイツの事例となるが、ルール炭田の再生に関しては、永松栄・澤田誠二：『IBAエムシャーパークの地域再生—"成長しない時代"のサスティナブルなデザイン』、東京：水曜社、2006年、等のアクセスしやすい分析がある。

*13 とりわけ、JOFFROY Pascale, La Réhabilitation des bâtiments, Paris, Le Moniteur, 1999, は、制度から技術、さらにはデザインまで網羅する、この時期のこのテーマでの集大成と言えよう。

*14 例えば、フランス農家協会のルネ・フォンテーヌが1985年にロベール・ラフォン社から初版を出版した『地方家屋-修復し、整備し、保全する(La Maison de pays - Restaurer, aménager, Préserver)』は、今日までに11版を重ねており、フランスにおけるこのテーマへの関心の根強さをうかがい知ることができる。

*15 SIMON Philippe, Architectures transformées – Réhabilitations et reconversions à Paris, Paris, Editions du Pavillon de l'Arsenal, 2000.

心市街地における過疎地予備軍、すなわち雑居ビル集中地区の再生手段として、上述の通りSOHOやスモール・オフィス・コンプレクス、若手起業家のためのインキュベーション施設、あるいは芸術家のアトリエ等へのコンバージョン事例も参考となろう。さらに、とりわけ2002年の工場等制限法の廃止に前後して、大学等高等教育機関の都心進出が続いているが、東京で言えば、都心最後の大規模跡地と言われる中野の旧警察大学校敷地が売却され、今後は大規模再開発型のキャンパス造成は

表1　ショッピング・モールへのコンバージョン事例(順不同)

現名称	旧用途	国名	都市名	コンバージョン担当建築家
リンゴット	自動車工場	イタリア	トリノ	レンゾ・ピアノ
ベルシー・ヴィラージュ	ワイン倉庫群	フランス	パリ	ヴァロッド&ピストル
芸術の高架橋	鉄道高架線路	フランス	パリ	ベルナール・ユエット
マッカーサー・グレン・アウトレット・モール	綿糸倉庫群	フランス	ルベ	マッカーサー・グレン社
ガゾメーター(住宅兼)	ガスタンク	オーストリア	ウィーン	ジャン・ヌーヴェル他
プラザ・デ・アルマス	駅舎	スペイン	セヴィリア	不明
マグナ・プラザ	郵便局	オランダ	アムステルダム	不明
テート・ギャラリー・リヴァプール(美術館兼)	ドック	イギリス	リヴァプール	ジェイムス・スターリング
グレート・ウエスタン・デザイナー・ヴィレッジ	機関車用車庫	イギリス	スウィンドン	不明
フュンフ・ヘーフェ	オフィス・住宅	ドイツ	ミュンヘン	ヘルツォーク&ドゥ・ムーロン
ザ・ロックス	港湾倉庫	オーストラリア	シドニー	トンキン・ズレイカ・グリア等

表2　集合住宅・ホテルへのコンバージョン事例(順不同)

現名称	旧用途	国名	都市名	コンバージョン担当建築家
モルラン大通りの集合住宅	消防署	フランス	パリ	イヴ・リオン
ル・フリゴ(アトリエ兼)	冷凍庫	フランス	パリ	なし
ラ・ヴィレット・ホテル+集合住宅	保税倉庫	フランス	パリ	パトリック・セレスト
ル・ブラン集合住宅	綿糸工場	フランス	リール	ライシェン&ロベール
ガゾメーター(SM兼)	ガスタンク	オーストリア	ウィーン	ジャン・ヌーヴェル他
セント・マルティニスホフ	教会	オランダ	アムステルダム	D.デーマール
ブルシェテールの集合住宅	プール	ベルギー	シャルル・ロワ	不明
ポルティコ	教会	オーストラリア	シドニー	トンキン・ズレイカ・グリア
ウォルシュ・ベイ	埠頭倉庫	オーストラリア	シドニー	ライシェン&ロベール
ホテル・ザ・ブルー	埠頭倉庫	オーストラリア	シドニー	

表3　オフィス・アトリエ等へのコンバージョン事例

現名称	旧用途	国名	都市名	コンバージョン担当建築家
国立ダンス・センター	綿糸工場	フランス	ルベ	ジャン=シャルル・ユエット
旧綿糸試験場スペクタクル施設	綿糸試験場	フランス	ルベ	パトリック・ブッシャン
レ・ドック(オフィスビル)	港湾倉庫	フランス	マルセイユ	エリック・カスタルディ
ベル・ドゥ・メ創造拠点	タバコ工場	フランス	マルセイユ	ジャン・ヌーヴェル
大道芸人育成センター	石鹸工場	フランス	マルセイユ	不明
パンタンのオフィス	製粉工場	フランス	パンタン	ライシェン&ロベール
ネスレ・フランス本社コンプレクス	チョコレート工場	フランス	ノワジエル	ライシェン&ロベール
リュー・ユニック・アート・センター	ビスケット工場	フランス	ナント	パトリック・ブッシャン
ラ・ファブリカ	セメント・サイロ	スペイン	バルセロナ	リカルド・ボッフィル
アトリエ・デ・タナール	オフィス	ベルギー	ブリュッセル	不明
キャリッジ・ワークス	鉄道整備工場	オーストラリア	シドニー	トンキン・ズレイカ・グリア

表4　教育機関・研究所等へのコンバージョン事例

現名称	旧用途	国名	都市名	コンバージョン担当建築家
海洋・沿岸技術研究所	海軍工廠	イタリア	ヴェネチア	イジニオ・カッパイ他
テルニ・マルチメディア・センター	鉄鋼工場	イタリア	テルニ	多数
パリ=ヴァル・ドゥ・セーヌ建築大学校	圧搾空気工場	フランス	パリ	フレデリック・ボレル
パリ第7=ディドロ大学	製粉工場	フランス	パリ	リュディ・リチオッティ他
リール大学法学部	綿糸工場	フランス	リール	リュック・デルマジュール
リール大学情報研究所	綿糸工場	フランス	ルベ	不明
リヨン第3=ジャン・ムーラン大学	マッチ工場	フランス	リヨン	アルベール・コンスタンタン
ダンケルク大学理工学部	タバコ工場	フランス	ダンケルク	アーキテクチャー・スタジオ
シュルンベルジュ研究所	工場	フランス	モンルージュ	レンゾ・ピアノ
国立労働関連書籍古文書館	綿糸工場	フランス	ルベ	アラン・サルファティ
地方圏共同文化財保存・修復センター	タバコ工場	フランス	マルセイユ	エリック・カスタルディ
歴史的モニュメント研究実験所	城郭	フランス	シャン・シュール・マルヌ	ジャン・タラロン
ルーヴァン大学	修道院	ベルギー	ルーヴァン	レイモン・ルメール
オーストラリアン・テクノロジー・パーク	鉄道整備工場	オーストラリア	シドニー	ニュー・サウス・ウェールズ州政府建築事務所

困難となっている。であれば、都心分散型大学の形成もあり得るため、高等教育機関や研究所へのコンバージョン事例も興味深いはずである。

最後に、可能な限り市場原理に則りコンバージョンされた事例に焦点を絞った。これは、我が国における中央・地方政府の財政状況を勘案すれば当然であろう。

上記の議論から、以下の通りの条件で調査事例を絞り込んでいった。

■ 規模
個別建築ではなく、複数で群を形成したり大規模であったりするもの。
■ 資金
とりわけ商業施設に関しては民間が市場原理に則り保全的刷新を実施したもの。
■ 立地
中心市街地やブラウン・フィールドに立地していること。

7── 持続可能な建築コンバージョンの効果

上述のように、コンバージョンに手をつけにくい最大の要因はコストである。それは法令遵守費用が押し上げる部分が多いため、規制緩和を要求する声は強い。しかし、規制は全般的に厳格なものとしておき、外部効果の大きなものには個別裁量的な緩和を認めるという戦略がある。つまり、建築というミクロな世界を超えて、都市的視点に立脚したマクロなコスト・ダウンを追求するという方策だ。その場合、問題は、建築コンバージョンにはいかなる外部効果があるのか、ということである。

諸賢による少なからぬ蓄積の上に屋上屋を架す本論では、フランスを引合いに出しながら、文化財建築から非文化財建築に至るコンバージョンの拡張を辿りつつ、我が国の都市計画の課題や財政状況との整合性を念頭におきながら事例収集の視点を示した。それらは、地域に経済的な外部効果を波及させるだけではなく、若者の流入による活気をもたらしたり、地域に知的イメージを付与したりもする(図2)。各論は、ささやかではあるがわたくし担当分を読んでいただきたい。

最後に、欧州連合の地域政策研究で出会った事例で論を閉じたい。それは、建築の修復を失業中の若者に職業訓練として施すというプログラムである。持続可能性とは、基本的に現在世代が利用する天然資源等の自然資本、企業の生産設備等の人口資本、人口や人間の技能等の人的資本を減らさずに将来世代に引き継げる可能性を言う*16のであれば、真に持続可能性指向の建築コンバージョンは、格差社会の是正等にも貢献できないものかと夢想する。

*16 横山彰：「環境政策と公共選択⑥持続可能性とは」、2007年9月17日、『日本経済新聞』「やさしい経済学」欄。

本論及びわたくし担当の事例編は、本書あとがきにて記した21世紀COEプログラムの予算の他、以下の研究費による調査に基づき執筆された。記して感謝したい(無論、文責は全面的に鳥海にある)

科学研究補助金(若手(B))(2002-2004年度)『パリに於ける自治体独自の保全的刷新型都市計画に関する研究-POSとZACを中心に』(研究代表者：鳥海基樹)

科学研究補助金(若手(B))(2005-2007年度)『フランス2000年都市連帯・再生法による基礎自治体主導の保全的刷新型都市計画-景観を特別扱いせず総合的都市計画の中で扱う計画技術と我国景観法への示唆』(研究代表者：鳥海基樹)

2006年『第23回渋澤・クローデル賞ルイ・ヴィトン・ジャパン特別賞』(研究代表者：鳥海基樹)

独立行政法人東京文化財研究所国際文化財保存修復協力センター研究プロジェクト(2001-2005年度)『文化財保存に関する国際情報の収集及び研究(ヨーロッパ諸国の文化財保護制度と活用事例)』(研究代表者：斎藤英俊同センター長(当時)・稲葉信子同企画情報室長

科学研究補助金(基盤(B))(2003-2005年度)『歴史資産を擁する都市域を対象とした地域情報システムの構築に関する日仏共同研究』(研究代表者：三宅理一慶應義塾大学教授)

科学研究補助金(基盤(A))(2005年度から継続中)『保存を前提とした歴史的建造物の活用に関する研究-現代社会に適応した多様な再利用の手法に関する研究』(研究代表者：斎藤英俊筑波大学大学院教授)

科学研究補助金(特定領域研究)(2005年度から継続中)『建築・都市施設の保全に関わる法令・基準の整備と技術革新』(研究代表者：後藤治工学院大学大学院教授)

科学研究補助金(基盤(C))(2007年度から継続中)『フランスにおける新規建築物のデザインマネジメント』(研究代表者：赤堀忍芝浦工業大学大学院教授)

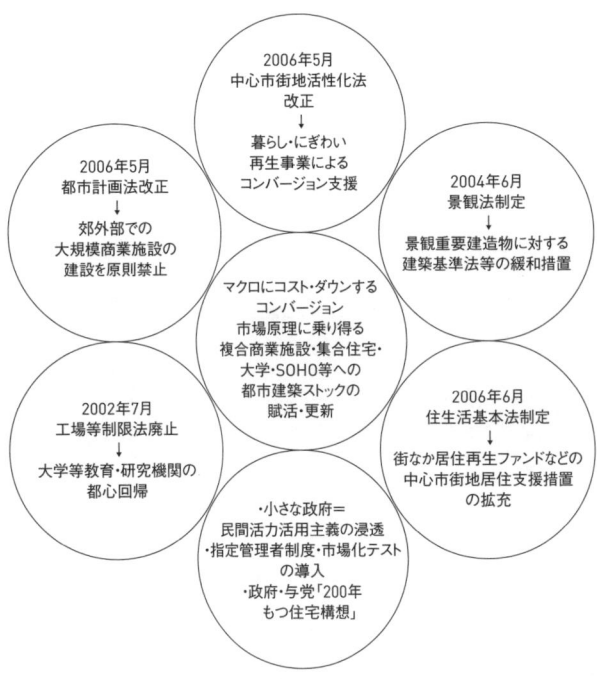

図2　都市計画的視点による建築コンバージョンの外生的条件整理

コンバージョンにおける建築素材の時間空間的調和

橘高義典

1 —— 多様な建築要素の調和による価値

一般の建築物とコンバージョン建築物との違いは、前者はその単体が価値の主体となるのに対し、後者は建築時期の異なる外装、内装、内部空間、構造体など様々なエレメントの組合せによる総体の空間的調和が大きな価値を生じる場合がある点と考えられる。さらに、コンバージョンによってもたらされる調和は、空間だけに限らず時間経過の異なる要素が影響し合い新たな価値を生じる場合もあり複雑である。すなわち、コンバージョン建築においては、多様な建築要素を空間的だけでなく、時間的にも調和させることが重要と考えられる。調和の良いコンバージョン建築は、建物の質を高めるだけでなく、それを利用する地域の生活・文化の向上にも大きく影響を及ぼす。本論では、コンバージョン建築において特に内外装仕上げ、構造材などの素材の使われ方と時間的・空間的調和との関係について考察する。ここでいう素材とは、視覚的評価の対象となる部材単位の大きさも含む。

2 —— コンバージョン建築での素材の調和

広辞苑によると、調和とは「うまくつり合い全体がととのっていること」「いくつかのものが矛盾なく互いに程よく和合すること」とある。例えば色彩調和、図形調和などの一般的な調和は、ある限られた対象数および限られた観察時間での感覚的体験が基本となる。しかしながら、コンバージョン建築の場合には、時間軸上の価値の変化に対する調和が重要である。新たな建築要素を挿入することで、それまでの建物がもつ価値をうまく継承したり逆に全く新たな価値を生じるなど、つねに残されている建物部分の特性が構成則として作用する点が特徴的である。すなわち、コンバージョン建築の調和には以下のふたつの概念が存在すると考えられる。

空間的調和（一過性、景観的特性）
時間的調和（時間変化、継続的特性）

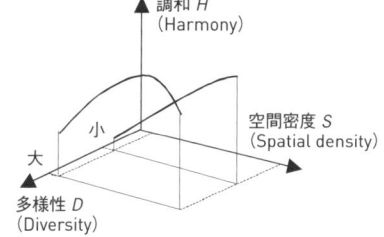

図1　調和度と多様性および空間密度

また、素材の調和（Harmony）の影響要因には、素材の多様性（Diversity）と、素材の占める空間密度（Spatial density）が大きく影響していると考えられる(図1)。

例えば、建築物の内装仕上げの一部のみを旧来と調和する単純な色彩、テクスチャーで統一し更新した場合を考えると、変化した要素の多様性は小さく、また、その占める密度も小さい。このような場合は一般的に時間・空間の統一性、連続性が強く予定調和を生み出しやすい。代表事例としては、ロックス・スクェアー(p.46)の内装に見られるように古材の梁の外観、レンガの内装は当時とほとんど変えず、室内の機能のみを用途変更しているケースがあてはまる。この場合は多様性の小さい調和と考えられる。

ロックス・スクェアー

しかしながら、それだけが調和とは限らず、例えば古色蒼然とした天然石材と複数の新素材の組合せのように連続性がなく、かつ多様性が大きい素材群を組み合わせることによっても斬新な調和が生み出される点がコンバージョンの面白さと考えられる。新築においても異種素材を組み合わせる手法はあるが、コンバージョンの場合は素材間に時間的な多様性がある点が大きく異なる。代表事例としては、低層部は組石造のまま、上階部を近代的なガラスと金属パネルのファサードを多用した鉄骨造に大胆に変容させたポルティコ(p.146)がある。ファサードに用いられたガラスと亜鉛メッキ鋼板からなるパネルは、低層の石材のテクスチャーとよい対比関係に

ポルティコ

あり、色調もベージュの石材にあう無彩色および茶系色が用いられ、新旧の調和をもたらすことに成功している。この場合は時間・空間的に多様性の大きい素材同士の調和と考えられる。

3 ── エイジングによる時間変化の評価

個々の要素の空間的調和の定量化に関しては、例えば景観的評価では、美学、ゲシュタルト心理学、視覚心理学、色彩学などの理論を適用することが考えられる。しかしながら、時間的な調和に関しては実際の建築に見られる素材の価値の時間変化に対する評価が必要となる。

コンバージョン建築で保存される素材部分の時間的価値を考える上で重要な概念にエイジングがある。エイジングという言葉には、「年月の経過に伴い建物の景観的な質が向上する働き」という意味がある。理想的なエイジングとは、新築時には新しさの価値があり、時間の経過とともに新築時とは異なる新たな価値が生じることである。一般的に歴史的な建造物と呼ばれるものは時間経過という絶対的な価値を有しており、それだけでエイジングの対象となりうる。一方でそれらの多くは、機能性、利便性、安全性などに問題があるため、建物の外観などの歴史的な価値を保存しつつ、構造、用途などを改善する目的でコンバージョンの手法が採られる。

コンバージョンの対象となる構造物は、大空間が残されているもの、構造的に利用価値があるものなど機能的な観点の建物もあるが、多くはエイジングの観点から外観が優れたものが多い。コンバージョンの対象となりやすいエイジング建築についてまとめると以下の通りである。

■ 素材の好ましい変化
素材の使い方が優れる建築は時間変化により新たな価値を生み出している。例えば、銅の緑青、古木材の色合い、苔むした天然石などは、長い年月の間に培われた素材自体の時間変化の価値があるが、このような価値を継承している歴史的建築物はコンバージョン対象となりやすい。

■ 美装性の高い建築
建物の美観を維持しつづけるためには、あまり頻繁に汚れが生じることは望ましくない。新築の状態で素晴らしい評価を受けた建築が外装の汚れのために評価が落ちているという例は少なくない。素材の面で汚れにくいものを選定することは重要であるが、完全に汚れない材料は見出しにくい。むしろ、建物形態、ディテールなどが工夫されていて、雨仕舞がしっかりしており、壁面に不均一な変化を生じないことが重要である。さらに、素材の均一な時間変化を積極的に生じさせているディテールもある。また、不具合の認識は視覚的な現象なので、多様な素材を使う、素材を組合わせるなどで視覚的な情報量を増すことで良い効果を得ている建物もある。

■ デザイン
コンバージョンの対象となっている歴史的建造物はいずれもデザインが優れるものが多い。どのような建築であっても時間経過により材料は劣化し外観は変化する。しかしながら、優れたデザインと評価される建築では多少の変色・汚れなどは気にならない。

■ 社会性
一度建築された建物は特定の地域と空間的・時間的に深く関わり合う。建物が地域社会の中で多様な価値を生じる場合もある。単なる外観の価値だけではなく、広い意味で社会的な価値の創出もエイジング建築の一要素と考えられ、そのような建築がコンバージョンの対象となるケースは多い。

4 ── 調和度の評価

コンバージョンによる素材の時間的調和を考えるためには、素材の価値の時間変化$V(t)$の把握が必要となる。$V(t)$は、保存部分の価値$V_h(t)$と、コンバージョン部分の価値$V_c(t)$とからなる。ここでtは時間である。

保存部分の価値$V_h(t)$は一般的な建築の時間変化による価値と同様であり、新しさの価値$V_n(t)$と先ほど述べたエイジング(古さ)の価値$V_a(t)$があり、両者を相乗した

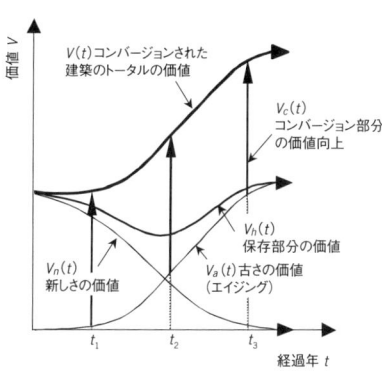

図2　要素の価値と時間との関係例

ものと考えられる(図2)。すなわち、経過年数が少ない場合は$V_h(t)$は新しさの価値に支配され、経過年が過ぎると$V_a(t)$に支配される。したがって$V_h(t)$は、図2中に示すようにV字型のカーブを描く。ただし、$V_a(t)$はエイジング効果の現れる建物にのみ考慮される要因で、経年とともに劣化のみが進み美観向上効果が現れない建物(現代建築の多くはこのパターンであるが)は経年とともに価値は減少していくことになる。

コンバージョンされた建築のトータルの価値$V(t)$は、保存部分のエイジング効果による価値$V_a(t)$とコンバージョン部分の価値$V_c(t)$との総和と考えることができる。一般的には$V_c(t)$は新しさの価値を有する場合が多く、時間tにかかわらず一定の価値を有する。しかしながら$V_a(t)$は時間経過が大きいほど価値が大きいので、コンバージョンの時期tが大きいほど(古い建物ほど)、コンバージョンによって生み出される価値は大きくなる(図2中の$t1 \blacktriangleright t2 \blacktriangleright t3$で$V(t)$は上昇する)。

以上の保存部分の価値$V_h(t)$とコンバージョン部分の価値$V_c(t)$より、各部の多様性Dを評価し、各部ごとの空間密度Sを考慮して、下式に示すようにトータルの調和度Hを評価する。

$$H = H(D, S)$$

ここでの調和関数は図1に示す関係を定式化したもので、多くの事例から統計的に決定されるものであり、多くの事例の蓄積が必要である。

コンバージョン建築の新たな分析手法として、コンバージョンにおける建築素材の多様性の時間・空間的な調和について考察した。コンバージョンを建築学全般から見ると、構造・環境的な面での機能性も調和に大きく関係している。さらに、都市レベルへの調和を考えていくためには、都市科学、社会学等の広い視野からの見方も必要で、従来の建築工学の要素的研究だけではなく、要素をグローバルに捉える視点からの協力体制が不可欠である。

住居・事務所系建築のコンバージョン

歴史的価値を商業的価値に転じる

ハードロック・ホテル
Hard Rock Hotel

用途———高層オフィスビル¹⁹²⁹ ▶ ホテル²⁰⁰⁴
設計者———Lucien Lagrange
所在地———Chicago

1929年に竣工したシカゴにおけるアール・デコ高層建築の代表作のひとつ、カーバイト&カーボン・ビルを、既存建築の魅力と眺望のよい立地を生かして、381室のファッショナブルなホテルに転用することに成功した事例である。既存の40階建ての高層建築は、ダニエル・バーナムの息子の設計事務所の設計であり、黒大理石とブロンズの金属装飾の3層の基壇の上に、金色の金属装飾を散りばめた暗緑色のテラコッタの塔が立ち上がるというデザインであった。転用に際しては、既存建築の外観を補修しつつ、隣接して、類似した外観をもつ4階建て増築を行い、レストラン、会議室、宴会場など大空間を必要とする施設に供している。内部でも、エレベータ・ロビーなどのアール・デコの特色を残す部分は、最大限修復保存された。ホテル・ロビーは、アール・デコ調のインテリア・デザインを用いて新設され、既存部の雰囲気との連続性を生み出している。
1930年代までの高層建築は、空調設備が実用化されていなかったため、通風に配慮して、あまり奥行きの深くない内部空間を作ることが平面計画の基本であり、このことが、ホテルへの転用を容易にしたと言えるだろう。このホテルの場合は、中層部基準階では客室17室を効率的に確保し、塔部階では客室3室という、ゆったりした転用計画となっている。オフィスとしては狭すぎる塔部は、ホテルとなると、極めて良好な眺望が確保できる角部屋を作りやすいという点で、プラスに働いている。
[K.K]

アール・デコ調のインテリア・デザインを用いて新設されたホテル・ロビー

塔部階客室

メイン・エントランス・ホール

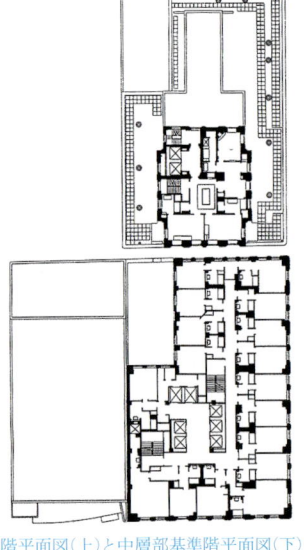
塔部基準階平面図(上)と中層部基準階平面図(下)

外観全景。向かって左隣に増築棟

構造体のみを残した転用

トランプ・インターナショナル・ホテル&タワー
Trump International Hotel & Tower

用途————高層オフィスビル[1968] ▶ ホテル、集合住宅[1998]
設計者———Philip Johnson
所在地———New York

既存建築である1968年竣工の高層オフィスビル、旧ガルフ&ウエスタン・ビルは、セントラル・パークの南西角に面するという好立地であったが、耐風力の不足、耐火被覆材のアスベスト使用、外壁の劣化などの問題を抱えていたため、テナントの転出に苦しみ、建築の抜本的な刷新を余儀なくされた。結果的に、高層部をコンドミニアムに、下層部をホテルに転用することが決まり、構造体のみを残して各階の耐風壁補強や床の増打ちを行った上で、外壁も含めて内外仕上げを完全に刷新することとなった。工事に際しては、ホテルの開業後に、上階の工事を行う計画であったため、設備系統を別系統とするなどの工夫も必要となった。内外仕上げがあまりに刷新されたため、既存と新設の対比等のコンバージョンならではのデザイン手法としての魅力は生み出されていないが、問題を抱えた高層ビルを大規模な転用によって、建替えではない手法で再生する試みとしては、貴重な例であろう。[K.K]

低層部。ホテル・エントランスは、セントラル・パークに面する

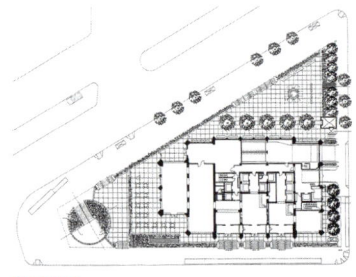
1階平面図

ホテル・エントランスからセントラル・パークを見る

茶色のガラスとステンレスの三角形断面の突起を伴う外壁

1枚の壁がもつ蘇生力

ハドソン・ホテル
Hudson Hotel

用途————協会事務所、宿泊施設 1928 ▶ ホテル 2001
設計者———Philippe Starck
所在地———New York

ハドソン・ホテルは、1928年にアメリカ女性協会の事務所・宿泊施設として建てられた、赤レンガ仕上げの一般的な24階建て高層建築を、フィリップ・スタルクが、ファッショナブル・ホテルとして蘇らせた例である。スタルクは、低層部の一部のみに、ル・コルビュジエの白の住宅を連想させるファサード壁を付加することによって、特徴のない外観の中に異質な焦点を生み出すことに成功している。その壁を抜けると、突如、ロビー階にまで上る長いエスカレータと光天井に出会い、一挙に広大なフロントデスクのあるロビーに到達する。そこは、赤レンガと大きいクリスタルのシャンデリアとプラントで作られた幻想的な世界であり、一方、メイン・バーは、光る床と天井画による上下が反転した空間である。

外観の一部のみに新たなファサードを付加して、インパクトを生み出す手法は、様々に応用できる外観刷新手法であろう。内部でも、赤レンガと新たに挿入された今日的なデザイン要素の対比が効果的であり、コンバージョンならではの魅力を生み出している。[K.K]

58丁目沿いの外観全景。既存の赤レンガ外壁と対比的なファサード壁

ホテル・フロント。赤レンガと大きいクリスタルのシャンデリアとプラントで作られた幻想的な世界

メイン・バー。光る床と天井画による上下が反転した空間

エントランス・ホールとロビー階を結ぶ長いエスカレータ

文化的価値に救われた名作
バーナム・ホテル
Burnham Hotel

用途 ── 高層オフィスビル[1895] ▶ ホテル[1999]
設計者 ── McClier, Antunovich Associates
所在地 ── Chicago

既存建築リライアンス・ビルは、規模は決して大きくないが、ベイウインドウを用いた大きなガラス面を伴って鉄骨構造らしい表現を開拓し、白いテラコッタの美しい外壁を誇るシカゴ派の高層建築を代表する存在であった。ジークフリート・ギーディオンの「空間・時間・建築」(1941年)の中で、建築史において知られてはいないが、画期的な名建築と絶賛されたほどである。しかし、戦後は採算性のよくない建築となり、テラコッタの修復が難しいほどの財政難に陥っていた。元々、窓側に小割のオフィス空間を並べた平面形で、柱の位置もやや不規則であり、しかも中央に鋳鉄製の階段室があるため、広いオフィスに改修することも困難であった。

一時期、取壊しの危機にも陥ったが、1991年に、その歴史的建築物としての価値を認めるシカゴ市が費用を負担して外壁テラコッタを修復し、1999年には、歴史性をホテルとしての魅力に転じるコンバージョンがなされた。外観デザインのみならず、内部においても、鋳鉄製階段、エレベータの扉、モザイク・タイルの床などの主要なデザイン要素は、修復保存された。平面自体、既存に近い形に改修されたが、そもそも既存建築の平面形がホテルへの転用に適していたのである。

バーナム・ホテルという名称は、言うまでもなく、リライアンス・ビルの建築家であったダニエル・H.バーナムにちなんだものである。バーナムのシカゴにおける建築家としての名声と建築自体の文化的価値が建築の生命を救ったという事実を知らしめるコンバージョン事例である。[K.K]

低層部

外観全景。外壁テラコッタ・パネルは修復され、鋳造アルミに置き換えられていた頂部のコーニスは、テラコッタによって再現された

1階エレベータ・ホール。修復保存されたエレベータの扉（左）と鋳鉄製階段（正面）

客室階廊下。壁面は既存の修復再現

鋳鉄製階段踊場から、1階新設レストランとエントランス・ホールを見渡す

客室階エレベータ・ホール

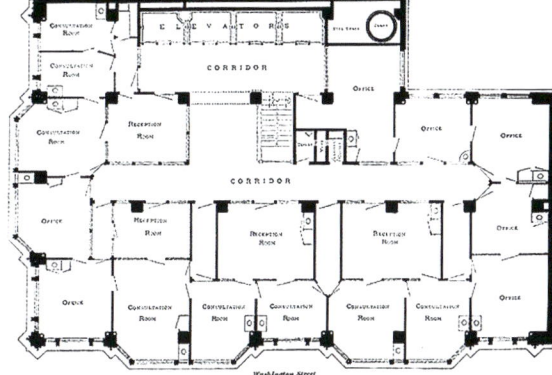

既存基準階平面

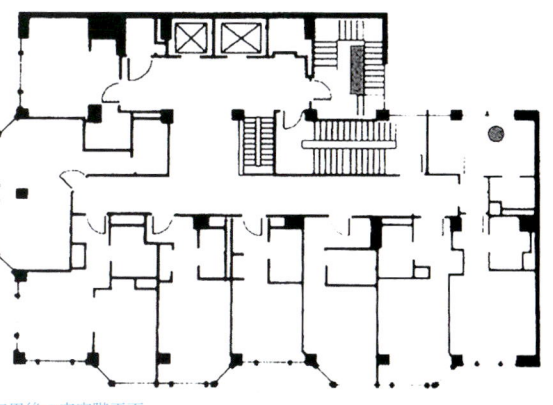

転用後の客室階平面

禁欲空間が快楽空間に

フォーシーズンズ・ミラノ
Four Seasons Milano

用途————修道院 15世紀、パラッツォ 18世紀 ▶ ホテル
設計者———Carlo Meda
所在地———Milano

中庭回廊のガラスのディテールでは、かつての回廊の雰囲気を壊さないように細心の注意が払われている

この高級ホテルは、1993年に、中庭型平面の修道院をコンバージョンして、98室を擁してオープンした。近年、隣接する新古典主義様式のパラッツォをコンバージョンして拡張し、同時に、中庭に面したガラス張りのレストランと中庭地下宴会室の増築を行った。その際、パラッツォ内にレンガ壁の中に埋もれていた修道院礼拝室の一部が発見され、その細部は可能な限り保存修復された。結果として、コンバージョンと保存修復が重層した建築となっている。
建築的には、修道院というプログラムは、ホテルに類似しており、その転用は、計画としては無理がない。それゆえ、見かけ上大きく変わることなく、しかしながら、空間の質においては、禁欲空間が快楽空間に変貌した。ここには、自然な転用計画、空間の内実の変貌、商業主義の力が混在している。
[K.K]

中庭全景。地下増築部分も中庭の雰囲気を壊すことなく収まっている

半壊した建設途中状態を蘇生
リボリ現代美術館
Castello di Rivoli, Museo d' Arte Contemporanea

用途　　城郭 18世紀初頭 ▶ 美術館 20世紀末
設計者　　Andrea Bruno
所在地　　Rivoli

東西の建物の中央に位置する旧アトリウム部分。新たに挿入された現代的要素が、アート作品とともにアクセントとして効果的に配される

1718年に、元々その場所に存在した建物を壊して城の建設が始まったが、1727年に中断。西側の新しい建物は完成したが、東側は古いウィングの倒壊作業中に中断し、結局全体が未完成のまま放置されてしまう。その後、1970年代から20年にわたって修復作業が行われ、美術館として現代に蘇ることとなる。

東西の建物の中央に位置するアトリウムは、倒壊作業が中断したままの姿を保存する形で使用される。東側の幅7m、長さ140mのウィングには新たにスチールの屋根が架けられ、また西側の城部分にはガラスのヴォリュームが挿入されている。建設途中で放置され、そもそもが新旧入り混じった廃墟であったものを、その状態をうまく利用する形で修復し、かつ現代的要素をアクセントとして挿入することにより全体に統一感をもたせ、うまくまとめあげている。[H.O]

ウィング側面

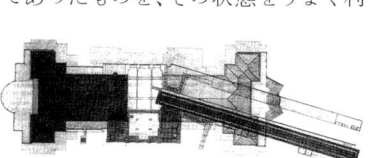

配置図。当初の左右対称の建物配置計画と、残されたウィング

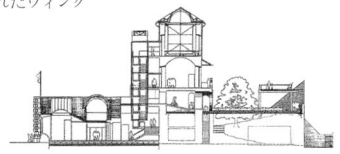

断面図。ウィング部分

城郭部分に挿入されたガラス・ヴォリューム

ヴィッテン文化センター
Kulturzentrum Haus Witten

用途────邸館 1470年頃 ▶ カルチャーセンター 1996
設計者───Hans Busso von Busse, Eberhard Carl Klapp
所在地───Witten

1470年頃ドイツの地方都市ヴィッテンの一画に邸館が建設された。18世紀初頭にはバロック様式の装飾が施され、大変華やかな時代があったという。その後荒廃した邸館は1937年にヴィッテン市に売却されたが、第二次世界大戦の被害が甚大で、野放しとなった邸館は遺構のようになった。2004年フォン・ブッセとクラップらは残された遺構を手がかりに、コンサートホール、リハーサル室、映画室、カフェ、展示室、事務所を建設し、古い邸館が街の文化施設のアネックスにコンバージョンされた。

石の遺構を甦らせたのは鉄とガラスである。中庭の一部に設けられたエントランス・ロビー、大空間に挿入されたコンサートホール、正面に組み入れられたカフェは破損の激しい石造の壁面に合わせて設計され、最小限の鉄とガラスを加えながら構築したものである。室内には空調や照明などの建築設備が完備され、今日の建築に要求される機能に問題はなく、内壁もほとんどが外壁と同じ石であり、新築の文化センターにはない魅力に満ち溢れている。この中で最も見事なのはコンサートホールの石・鉄・ガラスの調和だ。遺構に組み込まれたコンサートホールは駆逐した石の壁の隙間に縫うように、細部にも鉄とガラスを浸透させることによって完成した。遺構の保存修復だけではなく、現代の建築デザインを果敢に採り入れたコンバージョンが巧みである。[T.M]

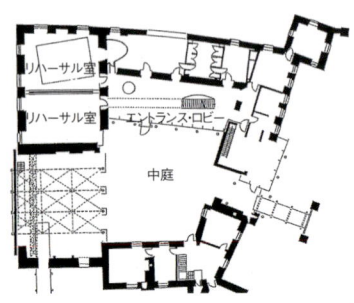

転用後の1階平面図。中央の中庭の一部をかき取って階段とともにエントランス・ロビーが新設された

邸館建築当時の風景。かなりの部分が崩壊して、遺構となった

中庭に新設されたエントランス・ロビー。荒々しい石造の立面と研ぎ澄まされた鉄・ガラスの立面はいかにも対照的だ

2階のコンサートホール。石造建築の内側にガラスの内壁を設けて今日の室内環境を整えた。音環境にも配慮しつつ石造建築を蘇らせたデザインである

2階のリハーサル室。石造の壁面を露出しつつ、今日の室内環境を獲得している

計画案の断面図。左上がコンサートホール。その下階がリハーサル室。さらに地下には遺構に関する展示室が広がっている

保存・増築・減築・改修・転用の総合

ギャルリー・コルベール
Galerie Colbert

用途————邸館 1637、パサージュ 1829 ▶ 大学、研究所 2006
設計者———Dominique Pinon, Pascale Kaparis
所在地———Paris

1637年にルイ・ル・ヴォー設計のボートル・ド・セラン邸が竣工した場所は後にギャルリー・コルベールが建設された一画である。同邸館は1665年にジャン=バティスト・コルベールに売却され、その後1階と中庭は廐舎として利用された時代もあった。商業空間として華やかに生まれ変わったのは建築家J.ビョーがふたつの中庭を中心にギャルリー・コルベールを建設した1826年以降のことである。しかしギャルリー・コルベールは百貨店の台頭等によって衰退し、荒廃は無計画な建増しへと発展した。

1970年代初頭に保存・改修に関する議論が沸き起こり、ギャルリー・コルベールは1974年に歴史的建造物に登録された。再建が始まったのは1980年代に入ってからである。担当したのは建築家ルイ・ブランシェで、ふたつの中庭に建設されたギャルリー・コルベールは減築、増築、改築などを伴いながら周囲の1街区とともに再建された。国立美術史研究所とパリ大学を中心とする研究機関に転用されたのは2006年のことである。建築保存は装飾など細部にまで慎重に進められる一方、現代建築の特徴的なシークエンスが近代建築を代表するパサージュを取り巻く建築の内部に挿入された。

ギャルリー・コルベールとその1街区の改修が優れていた点は建築全体の構成と構造体の枠組みに大きな変更を加えることなく、保存、増築、改築、修繕、復元、破壊、解体などあらゆる手法を用いることによって、各時代の機能や用途に適応した建築に転用してきたことにある。建築の枠組みを堅持し、改修手法を柔軟に選択することが既存の建築の有効な活用を促すのである。[T.M]

1階から2階への吹抜け。現代建築特有のシークエンスが続く

ギャルリー。店舗だった1階は現在教室などとして利用されている

屋根裏部屋の研究室。壁が傾いているのはそのためである

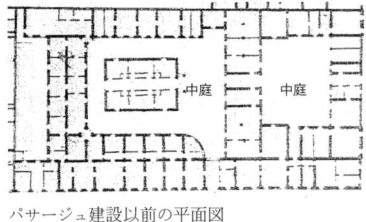

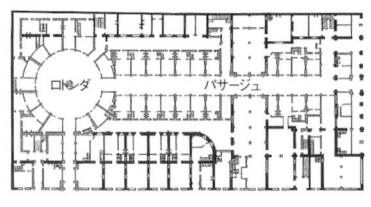

パサージュ建設以前の平面図

パサージュ時代の平面図

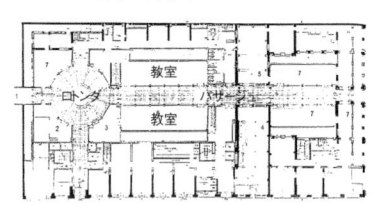

現在の平面図

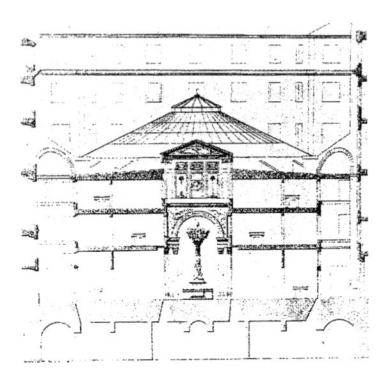

ギャルリーの周囲は住宅等によって囲まれていた

パサージュの華やかな時代のロトンダ

パサージュの時代、ギャラリーの周囲には住宅等があったが、現在は撤去されて、中庭が2階レベルに新設された

ギャラリーとロトンダは完全に復元された

転用・増築による文化施設膨張の秀作

モーガン・ライブラリー修復センター
Thaw Conservation Center, Morgan Library

用途————都市住宅屋根裏階^{1850年代} ▶ 図書修復センター²⁰⁰²
設計者———Samuel Anderson
所在地———New York

マディソン街沿いの全景。左が旧モーガン邸

1850年代建設の地上3階建て旧モーガン邸の屋根裏階を、モーガン・ライブラリー付属の文書図書類保存修復のためのセンターに転用した事例である。この街区には、モーガン邸に加えて、マッキム・ミード＆ホワイト設計の図書館、ベンジャミン・モリス設計の図書館増築棟が建っていたが、近年、それらの間に3棟を連結する形で、レンゾ・ピアノ設計による増築棟が建設され、それに伴って、旧モーガン邸の屋根裏階の転用がなされた。

伝統的都市住宅の屋根裏部屋という決して室内環境が良好ではない空間に対して、修復作業に必要な自然光や温熱環境を確保するため、階全体を湿気透過防止シートによって湿気が透過しにくい空間とし、作業に必要な箇所に結露防止・紫外線カットを施した天窓を設けるという手法が採られた。伝統的な小屋組および補強の木造骨組と新たに設置された空調ダクト類との対比的共存も興味深い。平面計画上は、専用エレベータで上がり屋根階に達し、エントランス近くに事務室、セミナー会議室、展示準備室、その奥に修復作業室（北側が乾燥作業を行うドライ・スペースで、南側が液体等を使用するウェット・スペース）、さらにその奥に、モンドリアン調の間仕切り壁で仕切られた研究室が配置されるという構成になっている。

モーガン邸外観は天窓が付加された以外は、ほとんど変更されることなく、既存外観を保持している。モーガン・ライブラリー全体として見た場合、保存・転用・増築を駆使して公共文化施設を充実・拡張させていく手法を提示している成功例として、秀逸である。[K.K]

工事中写真

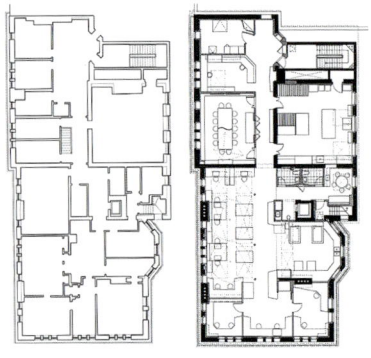

修復センターの転用前平面図（左）と転用後平面図（右）

全体配置図。下がマディソン街。旧モーガン邸（左下）、マッキム・ミード＆ホワイト設計の図書館（右上）、ベンジャミン・モリス設計の図書館増築棟（右下）、レンゾ・ピアノ設計による増築棟（中央）

奥の研究室との仕切り壁

修復室(乾燥部門)

レンゾ・ピアノ設計による増築部、ギルバート・ホール

中庭が潜在的に有する裏の空間の魅力

フランス極東学院・アジア館
Maison de l'Asie, École Française d'Extrême-Orient

用途　邸館[1886]、一般建築[1920年代] ▶ 大学施設[1994]
設計者　Albert-Gilles Cohen, Louis Guedj, Denis Lengart
所在地　Paris

フランス極東学院・アジア館は建設年代の異なる2棟の建築からなる。1棟は1886年竣工の石造の邸宅で、装飾を伴った立面を有する様式建築である。もう1棟は1920年代に建設されたコンクリート造の一般建築で、両棟は互いに背を向け合い、それぞれ正面がウィルソン大統領通りとロンシャン通りに面している。

フランス極東学院の要求は研究拠点の集約であった。そのため石造の邸宅を研究室や会議室からなる研究センターに、コンクリート造の一般建築を閲覧室や書庫からなる図書館にコンバージョンすることが提案された。アルベール=ジル・コーエンによるコンバージョンは1994年のことである。2棟からなるフランス極東学院・アジア館は道路に面した立面以外に開口部を取ることができない都市建築である。しかし両棟の間のバックヤードがパティオに改修され、研究センターと図書館がこのパティオを介して連結された。パティオは建築に挟まれた奥にあるが、明るい自然光と新鮮な外気を供給し、最も魅力的な空間に生まれ変わった。その際、一部に柱・梁・床の補強も実施されたという。

パリの都市建築は道路に面した立面からしかその内をうかがい知ることができない。そのためしばしばこうした予想もつかない奥深い空間に遭遇することがある。フランス極東学院・アジア館は中庭型都市建築が潜在的に有する裏の空間の魅力を最大限に引き出すことに成功したコンバージョン建築である。[T.M]

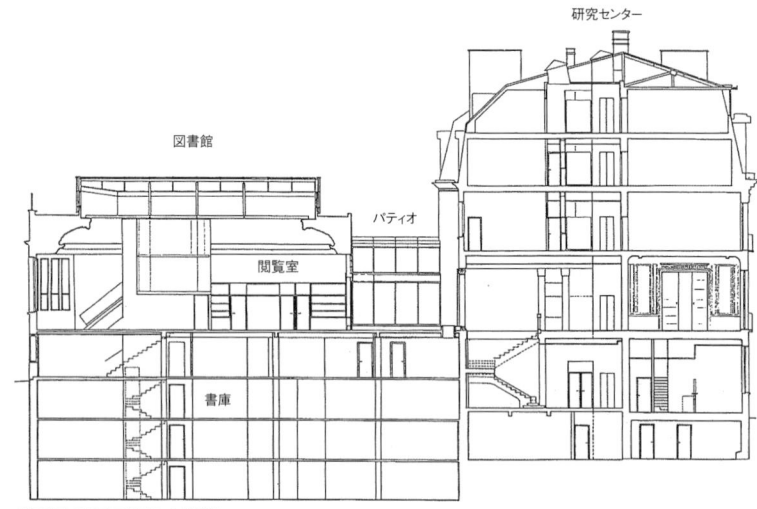

断面図。2棟を連結した建築

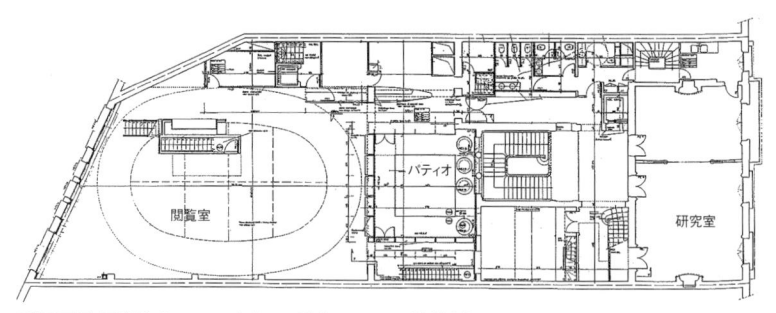

2階平面図。図書館がパティオを介して研究センターに連結された

パティオの周囲に展開する図書館と研究室

ウィルソン大統領通り側の邸宅。立面には様式建築の特徴が残る

ロンシャン通り側の一般建築。立面に装飾はない。初期近代建築の立面

図書館の閲覧室。楕円形の天窓からも自然光が降り注ぎ、現代建築の図書館に劣らない光環境を獲得した

光を採り入れるためのパティオ

新旧素材のミクスチャー

ロックス・スクェアー
The Rocks Square (The Rocks Center)

用途————住宅[1918] ▶ ショッピングセンター[1995]
設計者———Tonkin Zulaikha Greer Architects
所在地———Sydney

西側のショップのエントランス

柱廊。西側のファサード

南側のエントランス

　ロックス地区は、1788年にフィリップ船長率いる最初の移民団が開拓を始めた地であり、オーストラリア入植の始発点である。1971年のニューサウスウェールズ州による「ロックス再開発計画」に対し歴史的意義を見出す住民、市民、ナショナル・トラストなどの専門家たちによる激しい抵抗運動が功を奏し、州政府管理による保存資産の運用が検討され、現在シドニー湾岸協会により運営がなされている。ロックス・スクェアーはロックス地区にある三つの2階建ての建物と公的広場を伴ったシドニーでは珍しい建物で、60店舗のショップを含んだショッピングセンターとして、観光客を集めている。設計者により外装材であるレンガはそのままの状態とし、屋根部に新しくガラス屋根やパーゴラが設けられた。また、近辺の景観に沿うように広場は砂岩で舗装を行い、障害者用のアクセス通路が設置された。内部では当時使用されていた迫力ある硬木の古材が随所に使われ、改修された内部にアクセントをもたらすことに成功している。なお、梁に使われている古材は、主に金物による補強が施されている。ここでも古材と新素材との融合がうまく図られている。2階部は主に古材によって構成されており、あくまで鉄筋補強などは黒子に徹している。[S.F]

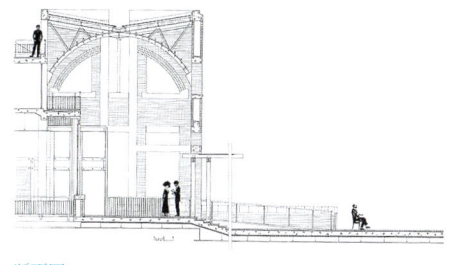

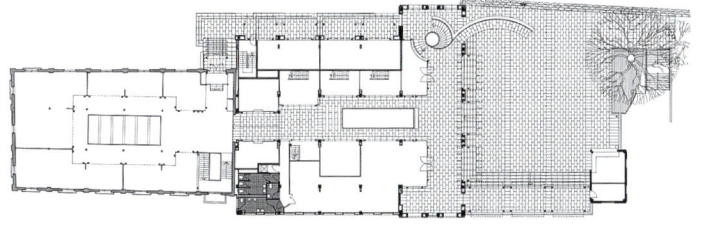

断面図　　　　　　　　　　　　地階平面図

公共の広場

1階レストラン　　　　　　　　　　　西側の外観

2階スーベニアショップ　　　　　　　1階通路

既存の空間と軸線を継承
フィラデルフィア・アーツ・バンク
Philadelphia Arts Bank

用途　　　銀行[1927] ▶ 芸術大学[1994]
設計者　　Mitchell Kurts
所在地　　Philadelphia

外観

フィラデルフィア・アーツ・バンクは1927年竣工の銀行を芸術大学のアネックスにコンバージョンしたものである。銀行の正面は街道に面してシンメトリーになるように構成され、メイン・エントランスは正面中央に設けられていた。ニューヨークの建築家ミッチェル・カーツが銀行を劇場とリハーサル・スタジオからなる大学施設に転用したのは1990年代に入ってからのことである。

立面はほぼすべて修繕に留められた。しかし新しいエントランスが交差点側の片隅に新設され、そのコーナーを支える柱が鉄骨造の柱に取り替えられた。仕上げは磁器タイルであり、外観のアクセントとなっている。内部空間の過半を占めるのは238席の劇場である。劇場が2階に設けられたのは銀行

新設された階段とホワイエ

のメイン・ホールの特徴である大空間を生かすためである。劇場にはオーケストラ・ピットと客席のために、両者を遮る銀行の階段は撤去され、エントランスに合わせて適切な階段が新設された。街道側の立面を構成するアーチ型の窓はちょうど客席にあたるが、外観のデザインに影響を及ぼさずに開口

劇場内部

面を埋め、劇場としての性能を高めることに成功している。
外観は新たな装飾を除けばほぼ銀行に変わりはない。しかし大幅な内部空間の変更は外観からは想像できない。コンバージョンでしか見ることのできない建築である。[S.S]

ジャン=ミシェル・ウィルモット建築設計事務所
Agence Wilmotte

用途 —— 店舗、集合住宅 ▶ 建築設計事務所[1991]
設計者 —— Jean-Michel Wilmotte
所在地 —— Paris

光環境の改善

この界隈は下層階が店舗、上層階が住宅という都市住宅が建ち並び、近年こうした建築がコンバージョンされつつある。ジャン=ミシェル・ウィルモット建築設計事務所もそのひとつで、低層階および中層階が建築設計事務所のアトリエに転用された。

地下1階が設計室、地上1階がショールーム、受付、打合せスペース、2階および3階が設計室である。正面の開口部が大型であるため、各階とも自然光が豊かであるが、建築の奥行きが深いため、その他にも工夫が凝らされた。1階にはエントランス、ショールーム、受付、さらに打合せスペースまでシークエンスが採り入れられたため、現代建築のように明るく、見通しもよい。また中庭がガラスの屋根で覆われて打合せスペースとなり、上層階をつなぐ階段が突出している。さらに1階の床スラブの各所に設けられたスリット状の開口部が、地下1階にも自然光を提供し、地階の設計室の光環境が改善された。ファサードは変わらない。しかし都市建築もコンバージョンによって新たな用途の建築に対応できることが示された。[T.M]

1階ショールーム、受付

正面

通り側の床面の開口部が地下1階に自然光を導く

エントランス。インスタレーションが散りばめられている

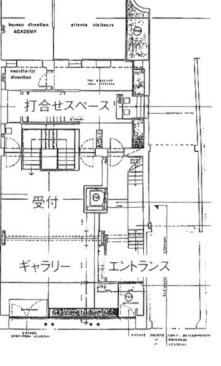

1階平面図

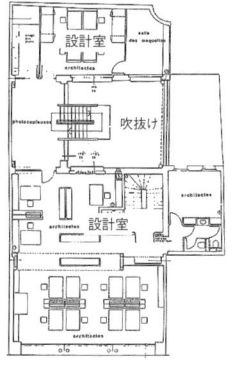

2階平面図

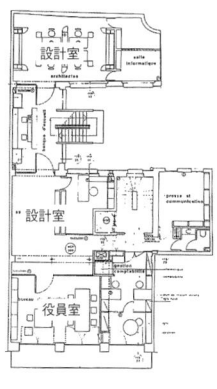

3階平面図

新旧素材のレイヤー

デッリ・エフェッティ
Degli Effetti

用途──────パラッツォ ► 店舗
設計者─────Massimiliano Fuksas, Doriana O. Mandrelli
所在地─────Roma

装飾的な要素を排除したシンプルな空間の奥に15世紀の石細工の壁面がある

この店舗はローマのパンテオンからすぐ近くの広場に面している。当初の計画では、パラッツォから店舗に用途変更を行うということから既存の壁面はすべて白く塗装する予定であった。しかし実際に改修するにあたり壁面の一部が15世紀の石細工であることが判明し、その部分に関しては修復を行いDPGガラスで覆い保存することに計画が変更された。

重厚な歴史を感じさせる15世紀の石細工とあえてよけいな装飾を施さない無機質なDPGガラスという新旧ふたつの素材を用い、さらにそのふたつをレイヤーとして重ね合わせることにより、単純に新旧を対比させるだけではなく、「新しいガラス」「古い石細工」といった各々のマテリアルのみでは獲得し得ない全く異なる素材感を1枚の壁面に与えることに成功している。[S.C]

DPGガラスのディテール。室内の照明等がガラス壁面に映り込み、壁という境界を曖昧にしている

エントランス。アーチによって分節された空間をライン状の照明とテーブルが直線的に貫通することにより空間に奥行きと連続性を与えている

産業系建築のコンバージョン

美しい巨大消費施設へ

リンゴット
Lingotto

用途　　自動車工場¹⁹²¹ ▶ 国際見本市市場、ショッピングセンター、ホテル、劇場、美術館²⁰⁰²
設計者　Renzo Piano
所在地　Torino

ル・コルビュジエが絶賛したことで知られるこの建物は、イタリアの自動車メーカー、フィアットの工場として1915年から1921年にかけて建設された。フランス人建築家ジャッコモ・マッテ・トルッコにより設計され、全長500mに及ぶ建物の巨大さに加え、屋上に設けられた楕円形の自動車テストコースが大きな特徴である。また、建物内の両端に存在する螺旋状の自動車用斜路には、RC造の梁が非常に美しく現れており、無駄のない機能主義的な美意識の現れを見て取れる。

1982年に工場は閉鎖され、1983年に再開発計画のコンペが行われた。その結果レンゾ・ピアノが勝利し、巨大な近代産業遺構は国際見本市市場、ショッピングセンター、ホテル、劇場、美術館などの複合体として蘇ることとなった。

再開発にあたっては、建物の特徴を保存活用するように過度の変更は抑えられているが、その中でも、屋上に増築された球状のガラス張り会議室と、ルーバーの大屋根で覆われた美術館ヴォリュームは、整然とした建物の中でひと際目を引く要素となっている。一方、既存の四つの大きな中庭では、地下に掘り込んでホールとするもの、2階部分にガラスの大屋根を架け内部化するもの、植栽を施し森とするものなど、多様な場が計画されている。

建物の巨大さを生かし巧みな計画がなされた力作であるが、かつての巨大生産施設が巨大消費施設へと変貌する様は、時代の変化を象徴的に示していると言えるだろう。[H.O]

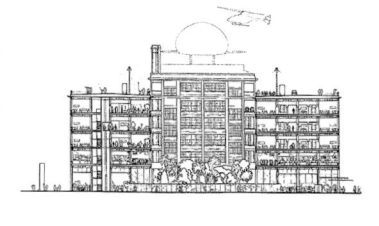

自動車車路の見上げ

短手方向断面図1　　短手方向断面図2

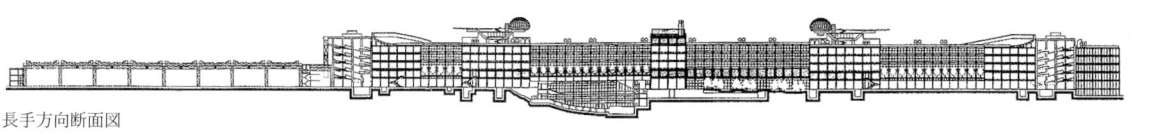

長手方向断面図

ガラスの大屋根が架けられた中庭部分

竣工当時の上空からの写真

広場側からの外観

中庭越しに美術館増築部分を見る

開口部詳細

エントランス部分外観

最小限の建築操作

カアペリ
Kaapeli

用途　　——　電線工場[1939] ▶ 総合文化施設[1991]
設計者　——　Pia Ilonen, Jan Verwijnen
所在地　——　Helsinki

　ノキアの最大級の電線工場はヘルシンキ西の港湾地区にあった。工場は市内の公共施設を多数手がけた建築家ヴァイノ・グスタフ・パルムクヴィストによって設計され、1939年から1954年にかけて段階的に建設された。平面はコの字型であり、面積は約550,000㎡を超える。

　この港湾地区は近年その役を終え、産業施設が都市施設に転用され始めた。ノキアの工場もそのひとつで、1991年に産業移転によって閉業した工場がカアペリにコンバージョンされた。カアペリは三つの美術館、九つのギャラリー、ダンス劇場、スポーツクラブ、芸術学校、アトリエ、リハーサル・スタジオ、ラジオ局、図書館、文化センターと実に多彩な用途によって構成された複合施設である。

　建築家ピア・イロネンとオランダ人建築家ヤン・フェルウェイネンによって描かれたコンバージョンのコンセプトは最小限の建築操作であった。したがってレンガ造の壁面と開口部は工場のままであり、外観は工場そのもので、文化施設の雰囲気は全くない。しかし空間の大きさが様々であったため、適切な用途に転用するのは容易であった。インテリアに露出した柱と梁は白色に統一する一方、内部空間はパーティションによって仕切るだけで、実に容易に多彩な施設にコンバージョンされた。また工場の工作機械と入れ替えられた空調設備や電気設備が露出しているが、階高が高いため違和感はない。

　建築コンバージョンによって誕生したフィンランド最大級の総合文化施設カアペリはヘルシンキのウォーターフロントに新たな観光拠点を形成し、都市再生の一役を担っている。[T.M]

中庭。棟の屋上にはブリッジとヴォリュームが突出している

1文化施設のオフィス。工場建築の構造体をそのままに、ガラスのパーティションによって大空間が区切られている

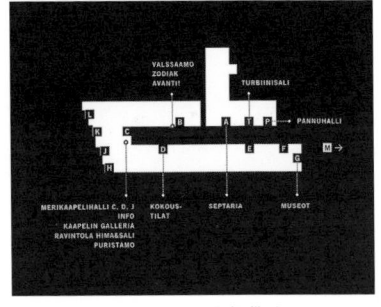

平面図。規模が大きいため各施設ごとにエントランスが設けられた

カアペリの正面。工場建築そのものである

長大な展示室は工場建築ならではである。縦長窓からの自然光が豊富なため非常に明るい

断片的記憶

カルヴァー・シティ／ピタード・サリヴァン・ビル
Culver City／Pittard Sullivan Building

用途————倉庫^{1970年代末} ▶ オフィス¹⁹⁹⁷
設計者————Eric Owen Moss
所在地————Los Angeles

カルヴァー・シティは1913年にハリー・カルヴァーによって設立された。最初の映画撮影所は1918年にトーマス・インスによって建設された（現在のソニー・ピクチャーズ・スタジオ）。1960年代後半映画会社が衰退し、1970年代に多くのスタジオが再開発のためショッピングモールなどにコンバージョンされたが、そのコンバージョンの多くは消極的なものであった。1990年代に入るとカルヴァー・シティの復興の計画がなされ、街のいたるところでアートギャラリーへの転用が行われ、後にニューヨークタイムズに「初期のチェルシー」のようだと賞賛された。

その中でも特筆すべきはエリック・オーエン・モスが担当した工場地帯である。モスは12以上の建物のコンバージョンを行い現在も開発が継続されている。モスのコンバージョン設計手法は他と一線を画している。

そのことはピタード・サリヴァン・ビルに顕著に現れている。このビルは、木造二重弓弦トラス構造を2スパン有する倉庫で、既存の構造体は保存されたが、構造体としては機能していない。既存建築の構造体は中央に新設された鉄骨造4階建ての建築の両側に、宙に浮くように張り出し建築表現の一要素となった。さらにサッシュを重ね合わせた新たなファサードのデザインや、異なる建築要素の重ね合わせなど、新たなデザインが試みられている。
[TAM]

ピタード・サリヴァン・ビルの外観

カルヴァー・シティ航空写真

同上。既存の構造体が張り出す

アンブレラ棟の外観

ステルス・シアター・オフィス・コンプレックスのエントランス

ビーハイヴ棟の外観

サミトール棟の外観

近代工場群のアドホックな活用

AEGフムボルトハイン工場
AEG am Humboldthain

- 用途 ─── 電気関連工場群 1907~12 ▶ 研究所 1990年代から
- 設計者 ─── 不詳
- 所在地 ─── Berlin

通りからの全景。右が大型機械組立工場

敷地内の案内板

ベルリン郊外のAEG工場群という近代建築遺産が、AEGの転出から約20年過ぎた今、大学やハイテク産業の研究所として、徐々に有効利用され始めている。
ドイツを代表する電気関連会社のAEGは、1890年代に著しい発展を遂げ、1895年には、ベルリン市街地から北に数キロメーター離れたフムボルトハイン地区の工場群建設に着手した。当初は、フランツ・シュヴェヒテンという建築家が伝統的工場の設計を行い、その一部は、ゴシック様式のスタッフ・ゲート棟（1896年）として残っている。

1907年から、ペーター・ベーレンスが設計を手がけ、以下のような近代的な工場建築群を作り出した。
高電圧工場（1909~10）／敷地中央に位置し、平面中央の2スパン分の工場空間周囲をオフィス中層棟が囲む。階段室が塔状に表現されている点が特徴的である。
小型モーター工場（1910~12）／細長い工場棟で、半円形の柱が特徴的。
鉄道部品製造工場およびゲート4（1911~12）／中庭型平面で、ファサードは、平らな柱と大開口から構成される。

大型機械組立工場（1911~12）／この敷地の工場群の中で最も著名な工場であり、大空間を3ヒンジの梁で覆い、外壁には大ガラス面を有する。
大学の研究室やハイテク産業の研究所にとって、こうした著名な工場遺産の中に研究施設をもつことは、ある種のステイタスにも通じる。現時点では、全館が使用されている状況ではなく、使用可能な空間がリノベーションを伴いながら、徐々に有効利用され始めている段階であるが、近代工場遺産のアドホックな再生として大変興味深い事例である。[K.K]

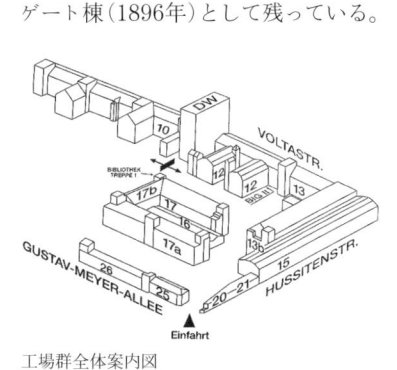

工場群全体案内図

通りから大型機械組立工場を見る

大型機械組立工場内部

メイン・ゲートを入り、大型機械組立工場(右)、高電圧工場(左)を見渡す

鉄道部品製造工場

ブラウン・フィールド再生の一方策

ガゾメーター
Gasometers

用途────ガスタンク^{1896〜1899} ▶ ショッピングセンター、集合住宅、オフィス等のコンプレクス²⁰⁰¹
設計者────Jean Nouvel, Coop Himmelb(l)au, Manfred Wehdorn, Wilhelm Holzbauer
所在地────Vienna

近代の産業施設の中には建築的に秀逸なものが少なくない。1896年から1899年にかけてエンジニアのテオドール・ヘルマンにより建設されたウィーンのガスタンクも、それに該当しよう。今日的なガスタンクと異なり、鉄骨構造をポリクロミックなレンガの外装が被覆しているため、建設当時欧州一を誇った外径64.9m、最高部高度72.5mの圧倒的マッスとともにモニュメンタリティが高い。事実、1986年の操業停止以前の1981年にすでにオーストリアの国定登録遺産となっていた。当然、保存が前提となり、その上での再利用計画が立案されるが、最終案に至るのは10年後の1996年で、コンペが実施され、ジャン・ヌーヴェル、コープ・ヒンメルブラウ、マンフレート・ヴェードルン、ウィルヘルム・ホルツバウアーが各1棟を担当することとなる。そこで注目すべきはウィーン市の対応だ。同市はこの賦活のため、地下鉄の延伸によるアクセス手段の確保を保証したのである。また、合計615戸の住宅に学生寮を付加することでソーシャル・ミックスを、さらに22,000㎡のショッピングモール、映画館、オフィス、ウィーン市およびウィーン州アーカイヴを混在させることで機能の複合性を保証する。つまり、このコンバージョンは、ヌーヴェルやヒンメルブラウら著名建築家の作品としてのみ鑑賞されるべきでなく、ブラウン・フィールド再生の一方策として解釈されるべきなのである。
[M.T]

ヴェードルン棟住宅部分アトリウム

ヌーヴェル棟ショッピングセンター内観

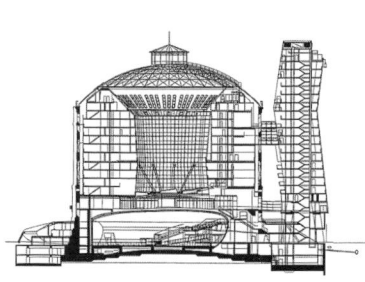

ヒンメルブラウ棟断面図

ガゾメーター全景

ヒンメルブラウ棟増築部分。実は自立している

旧中庭の図書閲覧室が内包する公共性
アラビア・ファクトリー
Arabiakeskus

- 用途　　食器工場 ► ギャラリー、図書館[1999]
- 設計者　Arkkitehdit Tommila Oy
- 所在地　Helsinki

アラビアはフィンランドを代表する食器メーカーで、その工場地帯は長い歴史をもつ。工場群は近代化のために、その一部がファクトリーショップ、カフェ、図書館、展示施設などから構成される複合施設に転用され、人々に開放され再生された。

エントランスのガラス・ボックスは工場棟と同じほどの高さまで聳え立ち、建築が開放的な機能にコンバージョンされたことを象徴している。このガラス・ボックスと外壁レンガ造のファサードや空に向かって突出した煙突は、ともに対比的な街のランドマークとなった。ガラス・ボックスのスロープは奥行きのある縦長のエントランスのパースペクティヴを強調しており、その先にメイン・フロアーの中央モールが新設された。複数の工場棟に直行する中央モールはバラバラとなっていた工場棟を連結し直し、ファクトリーショップなどをはじめとする諸施設がその周囲に設けられた。天井高のある中央モールも大型のガラスによって構成されたため、明るく開放的な空間を形成するとともに複合施設を統合する役割を果たしている。

図書館の大閲覧室は、元は工場棟に囲まれた中庭であった。大型ガラス屋根で中庭を覆うことによって新設された空間は、自然光によって明るく照らされ、外部のような雰囲気を獲得している。既存のレンガ造の壁は、転用後の空間の中心として存在し、建築の歴史を後世に伝えていく。[Y.T]

通り側ファサード。既存ファサードとガラス・ボックスが街の新しいランドマークを形成する

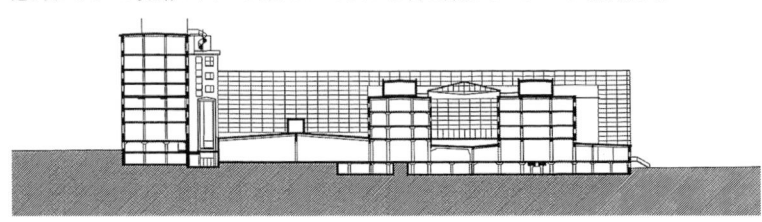

転用後断面図

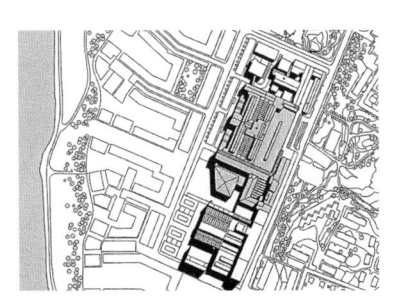

配置図

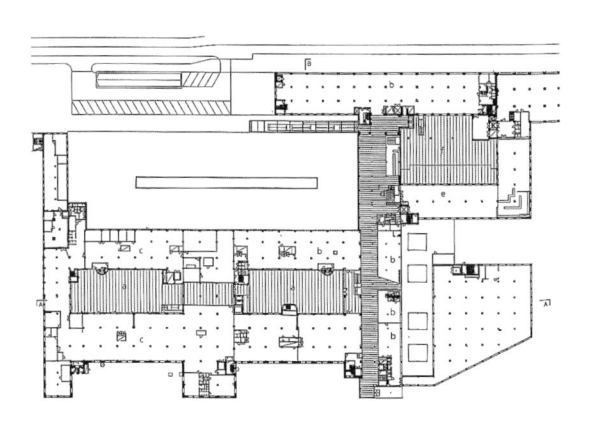

転用後1階平面図

図書館閲覧室風景。明るく照らされた外壁が建物の歴史を伝える

明るく開放的なガラス・ボックス内のエントランス・スロープ

鋸型の断面をしたガラス屋根。直射日光を防ぐと同時に多くの自然光を採り入れる

明るく開放的な中央モール。複合施設を統合する

様々な建築にコンバージョンされた工場地帯

ダニエラ・プッパ・デザイン事務所
Studio Daniela Puppa

用途　　　工場 ▶ デザイン事務所他
設計者　　Daniela Puppa
所在地　　Milano

　ミラノのナヴィリオ地区近郊にまとまった工場地帯がある。外壁レンガ造の建築が街区を形成し、低層の工場建築がその内側に点在している。工場建築は形状、色彩、材料に富んでおり、その光景は街区の外側から全く想像のつかない魅力的なものである。近年地元のデベロッパーがこの工業地帯をまとめて買収し、10棟の建築からなる再利用計画案がまとめられた。この地域全体がその計画案に基づいて、段階的にテレビ局、学校、事務所、アトリエ、集合住宅などにコンバージョンされ始めた。C棟とD棟は典型的な大空間を有する工場建築であるが、大空間が小割にされたため、デザイン事務所やアトリエなどが入居しやすくなった。
　ダニエラ・プッパ・デザイン事務所もそのひとつである。両隣は内壁で仕切られており、工場棟の奥行きはアトリエにとっては非常に深い。したがって平面は道路からエントランスを採るためには、旗竿型とならざるを得ない。しかし同事務所はC棟中央に設けられた緑溢れる中庭に面して計画されるとともに、工場特有の鋸型屋根から豊かな自然光を採り込むことによって、元が工場建築とは思えない快適な事務所となった。またインテリアは工場建築の階高を生かして新設された鉄骨造によるコの字型のギャラリーおよび階段と、同じ質感の木材で統一された床、デスク、書棚、図面ケースによって構成され、降り注ぐ日の光に包まれて清々しい。大規模な工場地帯の再利用計画がこうした着実な建築コンバージョンの積み重ねによって実現しつつある。
[T.M]

街区を形成する外壁レンガ造建築。事務所やテレビ局にコンバージョンされた

D棟の立面。鋸型屋根を残しつつ、立面はカラフルに

C棟とD棟間の構内道路。各事務所のエントランスが面している

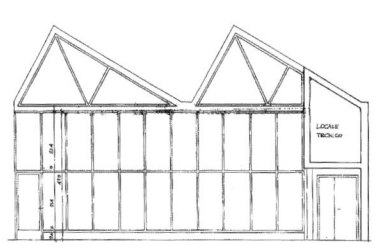

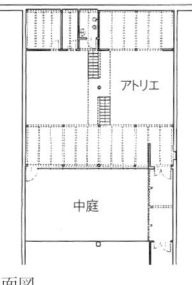

ダニエラ・プッパ・デザイン事務所の立面図　　平面図

ダニエラ・プッパ・デザイン事務所。屋根材の色調と素材感に合わせた2階ギャラリー

集合住宅にコンバージョンされた棟

タウンハウスにコンバージョンされた棟もある

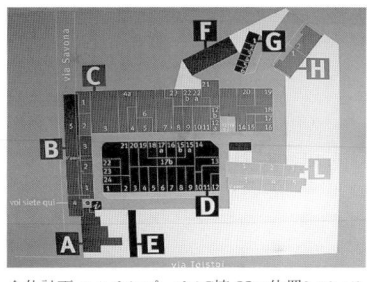

全体計画。スタジオ・プッパはC棟-23に位置している

同上。中央吹抜けを介して1階と2階が向かい合い、豊かな光に包まれている

室内に自然光を導く中庭

産業遺産群のコンバージョンを通じた都市再生

ルベの産業遺産の賦活
Mise en valeur du patrimoine industriel Roubaix

用途————綿織物工場群 19〜20世紀 ▶ 古文書館、美術館、大学、アウトレットモールなど 1990年代〜
設計者————Alain Sarfati 国立労働関連書籍古文書館, Jean-Paul Philippon 芸術・テキスタイル工業美術館, Jean-Charles Huet 国立ダンス・センター, 他多数
所在地————Roubaix

マッカーサー・グレン・アウトレットモール

綿織物業の衰退による27％の失業率、中心市街地の衰退、そして犯罪の多発に悩んだルベは、産業遺産群の賦活を通じた都市再生によりいまや欧州連合の地域再生事例で必ず引合いに出される優等生である。それを実現したのが、同市による国の機関や外部資本の積極的誘致政策である。25,000m²ものモット・ブス綿織物工場は、1978年に文化財登録されてはいたものの、操業してなければただのお化け屋敷である。ルベ市はそこに国立図書館労働関連書籍部門を誘致することに成功する。それが契機となり、空き工場にリール大学情報研究所や国立ダンス・センターが呼び込まれ、文化的環境の向上による若者のつなぎ止めと来訪者の増大を図っていく。その圧巻が、旧労働者用プールをコンバージョンした芸術・テキスタイル工業美術館である。この美術館では30分に1回、プールで遊んでいる子供たちのはしゃぎ声が流される。記憶の保存は聴覚を通しても行われているのである。また、リールからのトラムウェイの終点で降りれば、かつての商店や倉庫を賦活したアウトレットモールが待っている。マッカーサー・グレン社は、休日にはリールのみならずベルギーからも客を引き寄せる64店舗、130ブランドのモードの回廊を織り上げた。現在も、空き工場を司法省の青少年保護教育センターに賦活する工事が続くなど、ルベにはコンバージョンの鎚音がこだまし続けている。産業遺産群のコンバージョンを通じた都市再生への挑戦は続く。[M.T]

旧綿糸試験場スペクタクル施設 　　リール大学情報研究所 　　国立図書館労働関連書籍部門

芸術・テキスタイル工業美術館、通称プール図書館内観

国立ダンス・センター

スター・ウォーズ・スタイルと揶揄される意匠

ミュージアム・ショップからはかつての機械類を見ることができる

土木遺産の建築化

ヴィアデュク・デ・ザール
Viaduc des Arts

用途 ——— 鉄道高架橋[1859] ▶ 店舗[1995]
設計者 ——— Patrick Berger
所在地 ——— Paris

ヴォールトは1.4kmにわたって続く

　1859年竣工の鉄道高架橋は今日までドメニル大通りに沿って1.4kmにわたり残されている。役目を終えた鉄道高架橋は放置され続けたため、1988年に高架橋と67個のヴォールトの有効利用を目的とした建築コンクールが開催された。選出された建築家パトリック・ベルジェの提案は商業施設を挿入することであった。ヴィアデュク・デ・ザールは1995年にこの計画案に則って設計されたものである。ヴォールトの天井が高いため、新たに床スラブを挿入することが可能であった。その結果、地下空間も利用することによって、合計3層にわたる増床が可能となった。さらにヴォールトと地面との接点に通路を通し、それぞれの内部空間を連続させることによって、より広い店舗も建設された。ヴォールト天井の両面はガラス張りであるため、内部空間は非常に明るく、1階の床スラブに開口部を設けることによって、地下1階にも自然光を採り入れることができる。ヴォールトの表面には石材の風合いが露出され、荒々しさを残したまま仕上げられたものもあれば、こうした石造の躯体とは対照的に色彩や照明などに工夫を凝らして、現代のインテリア・デザインが積極的に挿入された店舗も少なくない。こうした工夫は各ヴォールトによって実に様々である。また屋上は緑豊かなプロムナードとなり、鉄道高架橋全体が有効に生かされている。
　ヴィアデュク・デ・ザールは施設そのものの魅力、改修によって生まれた快適な内部空間、予想以上に確保できる床面積など、土木施設が潜在的に有する多数の利点をひとつの建築にまとめることによって、同様の建築改修の連鎖を引き起こした。こうした連鎖によって周辺都市の改善が加速した点に意義がある。[T.M]

ヴォールト間の通路

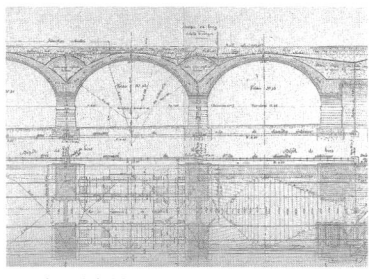

1853年の高架橋の平面図と断面図

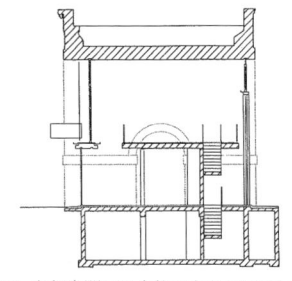

断面図。内部空間には余裕があり、両立面すべてが開口部にもなる

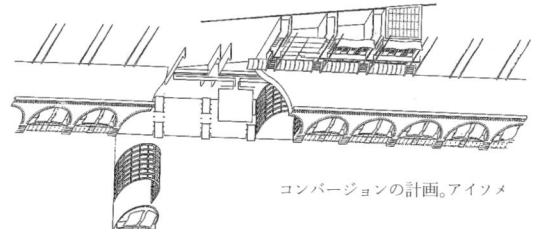

コンバージョンの計画。アイソメ

ある店舗のインテリア。店舗が隣のヴォールトと連結されるとともに床スラブも一部撤去され、地階にも拡張された

欧州最大の綿紡績工場から現代アートの拠点へ

ライプチヒ綿紡績工場
Leipziger Baumwollspinnerei

用途 ─── 綿紡績工場 1884~1992 ▶ アートホール、オフィス、住宅 1992~
設計者 ─── 不詳
所在地 ─── Leipzig

19世紀後半に計画されたこの工場は1907年までには欧州最大の綿紡績工場として栄え、延べ約100,000㎡の敷地に24棟もの工場が建っていたが、92年にその役目を終えた。それを機に綿紡績工場でアーティストやクリエイターによる事業を開始した。そして2006年までの14年間に綿紡績工場は国際的にもコンテンポラリー・アートの磁石のような存在になる。ここには10箇所のコンプレックスホームと呼ばれるギャラリーがある。

フェデルキエル財団とのパートナーシップによる「Halle 14」というギャラリーでは20,000㎡の空間が非営利目的で使われている。

コンバージョンとは言ってもこの事例では全体をリニューアルするのではなく、荒廃した既存の建築にアーティストやクリエイターが入居することで順次部分的に刷新されていく。つまり整えられたアトリエの隣はガラスが割れ荒廃した部屋となっていたりするのである。アトリエの他にもオフィス、住居、ギャラリーやショップなど多岐にわたる使われ方をしている。あるギャラリーでは半地下の静かな空間をうまく利用して、壁面と柱、天井を白く塗装して展示空間としている。また北面に中央動線に沿って細長く展開している建物には、アーティストたちのた

ゲート内部の中心的な建物のファサード。左下の扉は半地下のギャラリーの入口となっている

工場として使われていた当時を伝える絵

めの巨大な画材屋がある。2007年現在でも、いまだ80人以上のアーティストが新規に入居できるほどの収容力をもつ。入居者が部分ごとに自由にコンバージョンしていくことで、全体を変えていくという珍しい種類のコンバージョン事例である。[S.K]

半地下のギャラリー内部

渡り廊下や線路が当時のまま残されている

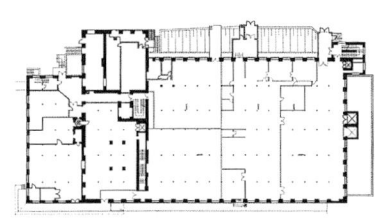

Halle 14の平面図

都市計画的発想が人の流れと資本を呼び込む

ウォルシュ・ベイ
Walsh Bay

用途　　　埠頭倉庫 1906~1922 ▶ マリン・リゾート 1999~
設計者　　Philippe Robert マスター・プラン
所在地　　Sydney

商業施設棟立面

1976年のニュー・サウス・ウェールズ州の政権交代が時代遅れの貨物港の運命を変えた。2棟の埠頭倉庫が劇場に賦活され1985年に開館したのである。1988年には同州による文化財保護対象物件となり、活用の方途が模索されてゆく。しかし、採算性や公共性を巡る議論が続き、最終的に採択されたのはフランス人の産業遺産活用のパイオニア、フィリップ・ロベールによるマスター・プランである。ロベールは公共空間整備により本地域をシドニーのウォーター・フロント網に組み込み、観光客で賑わうサーキュラー・キイからの人の流れを産み出すことで、アメニティと同時に資産価値を高めることにも成功した。63,000㎡の空間に395戸の住宅、59室のホテル、12,500㎡の文化施設、28,500㎡の商業施設が建設され、さらに74艘収容のマリーナが併設されたこともあり、今日、ウォルシュ・ベイは高級リゾートの様相を呈している。[M.T]

スケルトンを保存しながら新たな空間をインフィル

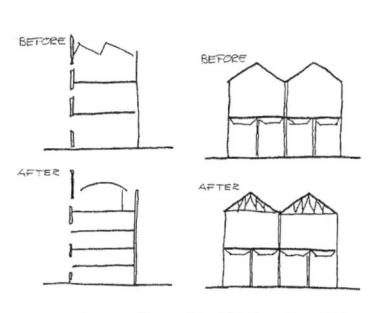

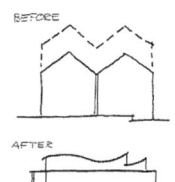

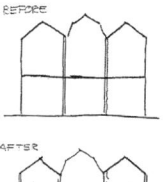

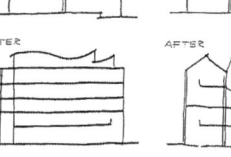

コンバージョンに際して繰り返された断面形状のスタディ

コンバージョンと新築の組合せ

ホテル・シュプリーボーゲン・ベルリン
Hotel Spreebogen Berlin

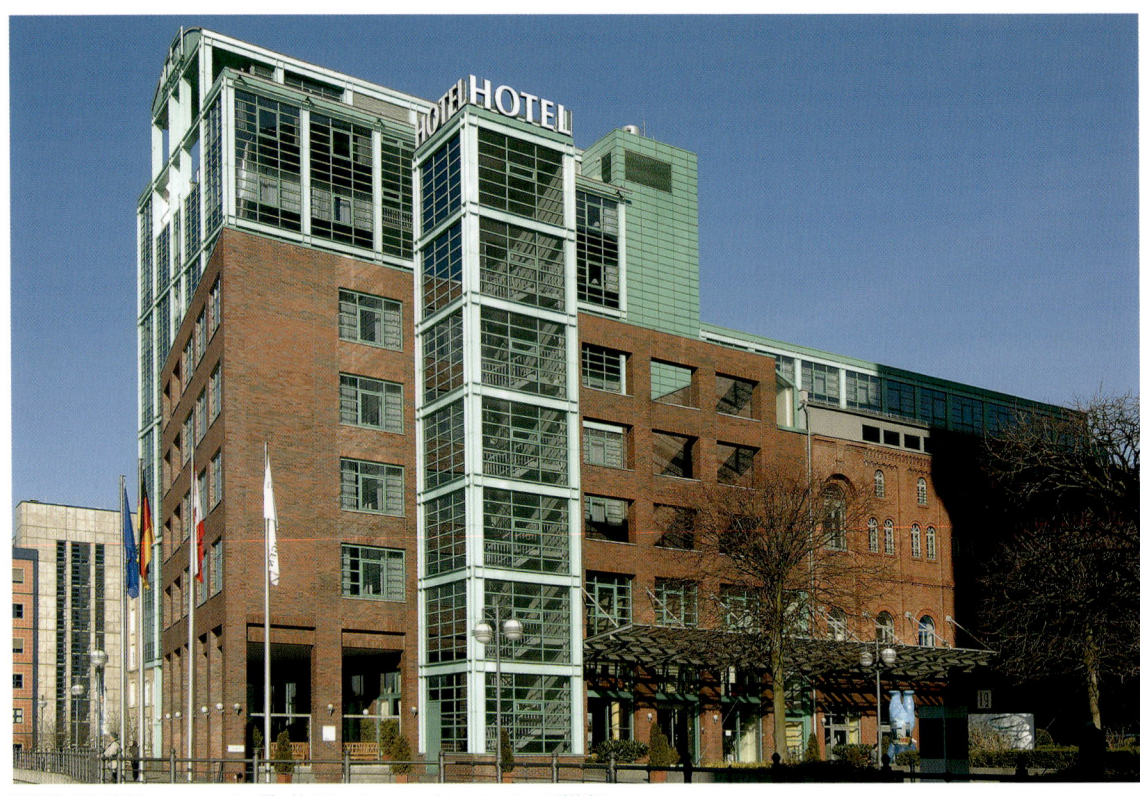

用途 ───── 酪農工場 ▶ ホテル
設計者 ──── 不詳
所在地 ──── Berlin

旧酪農工場(右側)のファサードに覆い被さるホテル・シュプリーボーゲンの増築部

19世紀後半以降シュプリー川沿いのアルト・モアビット地区は酪農が盛んな地域で、C.ボレ社の酪農工場もこの地に建設された。当時はベルリン全域の供給を担ったほどであったと言う。ホテル・シュプリーボーゲン・ベルリンは新築棟に客室を設けつつ、長大な酪農工場の一部をホテルの付属施設にコンバージョンしたものである。両棟は地下1階で連結され、酪農工場が快適なホテル施設に生かされた。

旧工場棟は1階のレストランと2階の宴会場にコンバージョンされ、河岸側の増築された中層棟にエントランス・ホールが設けられた。中層棟が工場棟に覆い被さりながら建設されたのは荷重の負担をかけないように配慮したためである。またフレームによって構成された立面は工場棟から立面を連続させるためである。レストランと宴会場の柱は旧工場の鋳鉄製であり、天井にはアーチスラブが露出している。さらに柱頭に相当する部分に照明が組み込まれ、工場建築のインテリアがそのままに宴会場として利用されている。

工場建築が有する特徴的な建築要素をホテルという商業空間に見事に採り入れることに成功した作品である。[T.M]

1930年代の酪農工場地区の風景

1階のレストランにも鋳鉄製の柱とアーチスラブが露出し、レストランのインテリアに特徴を与えている

宴会場。照明の仕込まれた鋳鉄製の柱

シンメトリーな巨大空間を生かす

フィンガー・ワーフ
Finger Wharf

用途────倉庫[1915] ▶ ホテル、集合住宅[2005]
設計者───Henry Walsh
所在地───Sydney

細く突き出た埠頭に建つ、全長約400mの細長い複合施設である。用途変更前は羊毛の輸出のための巨大な木造倉庫であった。20世紀前半のシドニーの羊毛産業に大きな役割を果たしたこの倉庫も、ターミナル港が他に新設されることでその役割は終わり、政府により新たなリゾート複合施設への建替えが決定された。しかしながら、解体作業が始まる1991年に地域住民らによる強い反対運動があり、また建物の保存運動も活発になり倉庫のまま保存されることになった。2005年に、ホテル、集合住宅、レストランを擁するウォーターフロントのファッショナブルな複合施設へと用途変換された。集合住宅の廊下の壁には、建物の保存を訴えた当時の人々の写真パネルが掲げられている。建物の幅は約60mで三つの切妻屋根を平行に連結させた作りとなっている。南北に伸びる長屋の両側が居住施設として使われ、真中は倉庫の広い空間のままである。長手方向に南から、大手チェーンのホテル、集合住宅となっている。西側にはレストラン、喫茶店などがあり、人は目の前に広がるウッドデッキから容易にアクセスでき、車は反対側の東側から地下の駐車場へアクセスする仕組みとなっている。建物の構造補強には鉄骨が用いられているが、切妻屋根の小屋組などは当時の木材のままであり、内観を心地よいものにしている。木造の梁はH形鋼に置き替えられているが、一部は木造のままで、張弦梁の原理で棒状の金物を使い曲げ補強されている点が特徴的である。船に羊毛を運搬するために使われたと思われる木製の大きなコンベヤーが内部に残され、インテリアの一部として生かされている。ガラスと金属でできた近代的なユニットが、木材を主体とした大きな架構の中に組み込まれ内観を面白くしている。古材と現代の素材がよく調和し生かされているコンバージョンと言える。[Y.K]

南西から見た全景。手前には大きなウッドデッキが広がる

ホテルの内部空間。コンベヤーもインテリアの一部

南正面のホテル・エントランス。切妻屋根を三つ並べた外観

東面から車はアプローチする。羊毛船への運搬用のデッキが残されている

集合住宅の西面ファサード

コンバージョンによる空間の分節
薬物中毒患者センター
Centre d'Hébergement

用途────倉庫 1930 ▶ 準医療施設 1994
設計者───Jade et Sami Tabet
所在地───Paris

1930年頃フランス国鉄SNCFの線路際の一画に鉄骨造2階建ての倉庫が建設された。この倉庫が両側を集合住宅に挟まれ、その役を終えたときには、この一画のみ周辺街区の形成から取り残されていた。しかしこの倉庫は薬物中毒患者センターとして再利用されることが決定し、コンバージョンが実施されたのは1994年のことである。

同センターはその性質上、表通りから内外を断絶することが求められる。その一方、独立した患者の自治とアイデンティティを重視した空間も必要である。設計者ジェイド・タベとサミ・タベは表通りに面して開放的な中庭を取り入れながら、1階の共用室と2階の個室をコの字型に構成した。増築されたのは中庭の階段等であり、2階は工場建築の床スラブの再利用を基本として計画された。中庭は工場建築の鉄骨やガラスの他に、石張りの地面、白色や木目調の外壁面によって囲まれ、元が工場建築とは思えない。また中庭上部の屋根が一部撤去された。そのため上方から日の光が降り注ぐばかりでなく、自然の通風と換気が心地よく、中庭は外界との最大の接点となった。しかし表通り側の開口部は、安全のため工場建築の開口部を生かしたハイサイドライトとし、背の高い縦桟の柵が設置された。同センター内のコミュニティの形成はこうした施設の構成によって、中庭の設えが芽生えつつある。薬物中毒患者センターは空間の開閉の度合いを調整することによって、全く異なる用途の建築に甦えるとともに、コンバージョンが街区の中で取り残された施設の位置付けを向上させた優れた作品である。[T.M]

棟には屋根がないので、中庭には雨が降る

中庭

コンバージョン前の外観。表通り側の立面は開口部以外閉ざされている

コンバージョン前の内観。2階はほとんど床スラブのみである

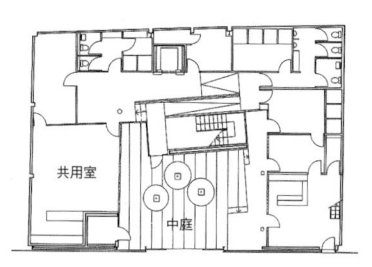

1階平面図

2階平面図

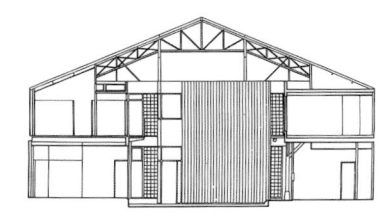

断面図

表通り側の正面。中庭の木が育ち、屋根から突出している

中庭にコミュニティが芽生える

中庭と道路は縦桟の柵で区切られている

裁判所らしからぬ裁判所
ヘルシンキ裁判所
Helsingin Oikeustalo

用途 ──── 酒醸造工場、倉庫[1940] ▶ 裁判所[2004]
設計者 ── Tuomo Siitonen
所在地 ── Helsinki

既存建物は、1940年に酒醸造の本社（低層棟）および醸造工場（中層棟）として建てられ、その延床面積約78,500㎡という規模は、かつてはフィンランドで最も大きな建築物であった。中層棟は、酒樽の貯蔵重量に耐えるよう、マッシュルームコラムとフラットスラブ構造で建てられた8階建てのRC造建築である。1990年代末に、工場の移転と並行して、ヘルシンキ市はこの建築の転用が可能になるように工場地区の用途を変更し、結果的に全体の約1／3を占める中層棟が裁判所に転用され、本社事務社屋であった低層棟は、賃貸オフィスとして使用されることとなった。

外観に関しては、湾側の開口部を一部増やした以外は、外壁・サッシュともに、既存外観を保存している。既存中層棟は、低層階で階高が高く、上階にいくほど低くなっており、裁判所として、低層部に法廷などの大空間を含む公共部門を配置し、3階より上を主として事務室階とするのに、好都合な断面形であった。

事務室階では、快適な執務空間を確保するために、平面中央部のスラブを大きく除去してふたつのアトリウムを設け、その周囲は大ガラス面にして自然光を採り入れるという大掛かりな改修が行われた。

一般エントランスは、かつて搬出入デッキがあった中庭的な空間に設けられ、既存のガラス面が裁判所という威圧感を和らげる役割を果たしている。

全体として、裁判所らしからぬデザインであり、コンバージョンによって生まれた裁判所という独特の建築表現が誕生した。[K.K]

道路側全景。手前が旧酒醸造本社（低層棟）、奥が旧醸造工場（中層棟）

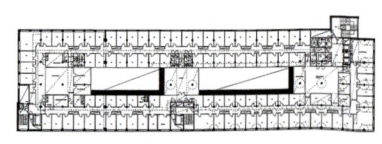

事務室階平面図

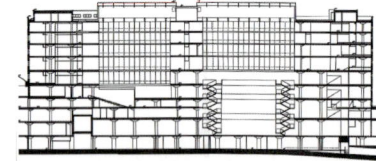

長辺方向断面図

1階エントランス・ホール

コンバージョン工事中写真。床スラブ除去の状態

一般エントランスは、かつて搬出入デッキがあった中庭的な空間に設けられている

法廷内。マッシュルームコラム頂部曲面を膨らませた構造補強

北側アトリウムを見下ろす

トップ・ダウンで推進

ネスレ・フランス本社コンプレクス
Siège social de Nestlé France

用途────チョコレート工場 1867〜1871 ▶ オフィス・コンプレクス 1996
設計者───Reichen & Robert
所在地───Noisiel

ポリクロミックな水力発電所の外観は保存され内部は社長室等に転用

19世紀の産業遺産の命運は、ネスレ・フランス社長イヴ・バルビューと建築家フィリップ・ロベールの出会いが変えた。バルビューは合併で全仏で13,500人にまでオフィス従業員が肥大したグループの本社建設の適地を探し、ロベールはフランスで産業遺産コンバージョンの先駆者としてノワジエルで操業を停止していたチョコレート工場の先行きを心配していた。彼らは、デファンスで超高層ビルを15億フランで建設することより、指定文化財の産業遺産を6億2000万フランで賦活する道を選択したのである。そして、わずか2年半で41,000㎡のコンバージョン建築と19,000㎡の新建築により1,750人が働く空間を創造する。工場はフランスでも最初期の鉄骨造建築で、構造体の間をポリクロミックなセラミック・タイルが充填する独自の意匠を有する。その価値を保全・再生しながら、周辺14haの敷地のランドスケープも含めた包括的コンバージョンを実現した。[M.T]

適宜付加・貫通・挿入させられた現代建築

ユーロ・メディテラネ計画の核

レ・ドック
Les Docks

用途───港湾倉庫[1858] ▶ オフィス・コンプレックス[2003]
設計者──Eric Castalidi
所在地──Marseille

長大なレ・ドック。左側の高架道路は地下化されウォーター・フロントと連結する

このコンバージョンを単なる港湾倉庫の再利用と理解するのは間違えだ。マルセイユは、2010年までの15年間に3億ユーロを投下し、オフィスだけでも60万㎡を建設するユーロ・メディテラネ計画を推進している。その内一気に80,000㎡を供給するが、1856年建設で長さ365m×幅37m×高さ30m（7層）の巨大建築レ・ドックである。20年来建築コンバージョンを手懸けてきたカスタルディは、レ・ドックのあるジョリエット地区近傍でサイロを文化施設に、ベル・ドゥ・メ地区でもタバコ工場を文化財研究所に賦活している。1992年から15年かけて段階的に賦活されたレ・ドックの注目点は中庭だ。水盤あり、ヤシの森あり、ミネラルな石畳ありと、オフィス・ワーカーに様々な憩いの場所を提供している。近傍ではトラムウェイが整備されただけではなく、水辺空間への視界を遮る高架道路の地下化が決定するなど、都市再生と強固にリンクしたコンバージョンだ。[M.T]

内部を適度に分節する中庭群

様式の継承と空間の転用

ジャンフランコ・フェレ本社
Gianfranco Ferré Spa

用途────運送会社本社ビル[1902] ▶ デザイン事務所、ショールーム[1998]
設計者───Marco Zanuso[建築], Franco Raggi[インテリア]
所在地───Milano

ミラノ旧市街地に残る歴史的産業建築の代表的コンバージョン事例である。転用前は、1902年に建設された大手運送会社本社ビルであり、アール・ヌーボーの影響を受けたリバティー様式の代表的作品であった。この地区周辺には、20世紀初頭の建築が多く残るが、戦災で失われたものも多い。同社の郊外移転に伴い、1970年代に空きビルになったが、1987年にファッション・デザイナーのフェレが購入して、コンバージョンを巡って行政との打合せや建築許可に5年を費やした末に、1998年10月にオープンした。

リバティー様式の外観が残るポンタッチオ通り沿いのファサードおよび列柱廊ポーチコは保存修復され、広場に面しては、リバティー様式の開口パターンを継承しつつ、ガラス面の透明なファサードが新たに作られた。リバティー様式のファサードと今日的なガラス・ファサードの対比的共存は効果的である。上階にあった取引ホール（平面的には25m角、高さ8.5m）の大空間は、今は大ショールームに転用され、ファッションショーも行われる空間に変貌した。中2階および最上階の増設など、断面方向の増改築もなされている。内部は、黒大理石、テラゾー、スタッコ、金属、木など様々な素材を用いて、エレガントな色彩のインテリアとなっている。

全体として、断面方向の増改築も含んだコンバージョン手法、新旧ファサードの対比的共存、大空間の有効利用、デザインの質の高さなど、歴史的産業建築の優れたコンバージョン事例と言えよう。[K.K]

全景。リバティー様式ファサードと今日的なガラス・ファサードの対比的共存は効果的

エレベータ・ホールから広場を望む

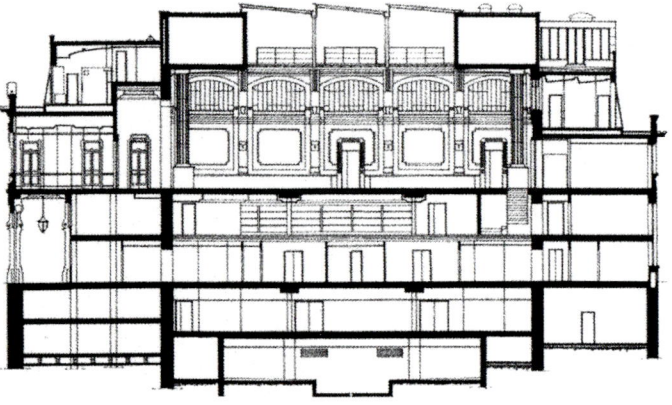

断面図

大ショールーム。かつての取引ホールが、ファッションショーも行われる空間に変貌した

広場に面したエレベータ・ホール。エレガントな色彩のインテリア

外観の統一

フランス文化省
Ministère de la culture et de la communication

用途　　百貨店倉庫1919 ▶ 官庁舎1933、官庁舎1960 ▶ 官庁舎2004
設計者　Francis Soler, Frédéric Druot
所在地　Paris

様式建築に現代の建築デザインが重ね合わされた。しかしフランス近代初期特有の装飾を纏ったドーマー・ウィンドウ部分は除かれている

1919年建築家ヴォードワイエによって設計されたサン＝トノレ通り沿いのルーヴル百貨店の商品倉庫は、1933年に大蔵省の庁舎にコンバージョンされた。建築家オリヴィエ・ラアルによるL字型平面の庁舎が同じ街区を形成するように建設されたのは1960年のことである。大蔵省が退去したため、1995年に両棟をフランス文化省に転用するための建築コンクールが開催された。竣工は2004年のことである。

フランシス・ソレルらの提案は2棟の建築を1棟とすることであった。2棟は建設年代が異なるため、立面の形状と装飾が異なっていた。そのため網目状の金属パネルによって1棟に見せることが試みられた。ただしルーヴル百貨店の倉庫の上部は除かれた。なぜならば建設当時の美しい装飾を伴った開口部が連続しているからである。一方中庭は通りに面した立面とは異なり、現代建築特有の金属とガラスのファサードが採用された。内部空間も再構成されたことは言うまでもない。450室に上る事務室、図書室、ホール、カフェテリア、レストラン等が適切に配置されている。

パリは100年以上にわたり外観を考慮しながら、都市建築に対する厳しい規制を設けて、周囲の建築との調和を尊重してきた。そのため都市建築はこうした規制に配慮しながら設計せざるを得なかった。フランス文化省は異なる2棟の内部空間を連結しつつ、外観を一体化するために、従来の建築操作とは全く異なる新たな立面の構成を試みた秀作である。[T.M]

ジュリオ・ロマーノ設計のパラッツォ・デル・テ（マントヴァ）にアイデアを得たという6種のモチーフが金属ネットに用いられた

中庭側の立面はすべてカーテンウォールによる金属とガラスのファサードが採用された

オリヴィエ・ラアル設計の庁舎立面全体も金属ネットで覆われた

建設年代が異なるため、ファサードの外形が異なっている

石造の立面に支持された金属ネットのディテール

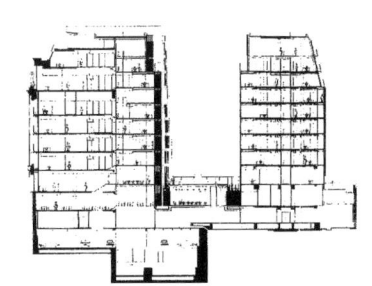

転用後の断面図

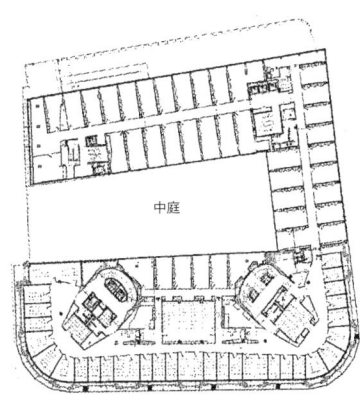

転用後のオフィス階の平面図

建設年代が異なるため、2棟の立面の外形は大きくずれているが、金属ネットは連結された2棟のつなぎ目も覆う

コンバージョンによる迷宮
イーヴェルク
Ewerk

用途————変電所 1920年代 ▶ レンタルオフィス、住宅、イベントスペース 2005
設計者———Hoyer, Schindele, Hirschmüller
所在地———Berlin

1階のイベントホール。産業建築の柱・梁のみならず、レッカーまでが室内に露出している

オーバーハングした管制室の足元にはイベントホールのエントランスがある

オーバーハングした曲面のヴォリュームは増築された現代建築の立面に挟まれている

ドイツ電力の主任建築家H.H.ミュラーは1920年代に表現主義の特徴を有した2棟の変電所を建設した。変電所は第二次世界大戦後も東ドイツ領土内で運用されたが、1970年初頭に運転が停止された。停止の理由はベルリンの壁に隣接しているため、当時の東ドイツ政府が危険を感じたためだという。荒廃した変電所の一部は1990年のベルリンの壁崩壊後、テクノ音楽のメッカとなったが、本格的な改修は2000年にハイテク企業等による買収が一段落してからのことであり、新築棟を伴ったコンバージョンはこのときに始まった。

1棟の変電所はオフィスにコンバージョンされた。もう1棟はオフィスと集合住宅に転用され、1階の発電所はイベントスペースに甦った。鉄骨造の梁は露出され、吊るされた重々しい重機はそのまま残されている。この荒々しい大空間と繊細な家具によるインテリアはコンバージョンならではである。

一方曲面状の管制室は駆逐した電気設備とともに放置されたままである。またオフィスの廊下には軌道、大型扉などの産業施設の設備が残される一方、新たに空調や照明などの建築設備が導入され、今日のオフィスが棟内に広がっている。こうした改修前の空間がまだ一部に放置され、さらに新築棟によって動線がいっそう複雑となった棟内は変電所と新築棟が交錯した迷宮のようである。それは変電所の表現主義の造形と新築棟の現代建築のデザインが入り混じった独特な外観にも現れている。時空間の調和した建築がコンバージョンによって誕生した。[T.M]

オーバーハングした円形の空間に設けられた旧管制室。荒廃しているがイベントに利用されるという

新築されたオフィスと住宅棟。レンガ造の外観とは異なる現代建築の立面

天井には放射状に梁が露出しているが、インテリアは現代のオフィスそのものである

床には搬送用のレールの跡が、天井には重機の一部が、壁には工場の大型扉が残されている

醸造所の芳香が漂う

サンポライフ社屋
Sinebrychoffin panimorakennukset

用途 ビール醸造所[1832] ▶ オフィス[1999]
設計者 Arkkitehtitoimisto SARC Oy
所在地 Helsinki

北西側全景。左は1970年建造の旧穀物庫。右は1874年建造の旧醸造所

シネブリュコッフ蒸留所は1832年に建設され、その後1874年、1970年に増築されたビールの醸造所である。1985年の移転後、同醸造所がオフィスにコンバージョンされたのは1999年のことである。

北側の通りに面する1970年竣工の穀物庫は7階建てのオフィスにコンバージョンされた。通り側のファサードはレンガ壁からガラスのカーテンウォールに置き替えられ、加えて1階および2階に相当する立面はレンガ製の縦ルーバーによって覆われ、レンガ造穀物庫の記憶を甦らせる。かつての搬入庫はエントランス・ホールとなり、新たに中間層が設けられている。両者を結ぶ階段は樺の木の集成材によるマッスな形態をもち、空間全体に強い存在感を与えている。また、3階および4階はオフィス・ランドスケープが採り入れられ、4mの天井高が開放的な空間を生み出している。

蒸留所として使われていた裏手の棟とは、渡り廊下で接続されている。この周囲はサッシュレスのガラスで囲まれており、ふたつの建物に挟まれた半外部的な心地よい空間を作っている。ここでもエントランスで見られた階段が配されている。

旧蒸留所のファサードでは既存建物の開口部が一部レンガによって塞がれ、かつての面影をわずかに残している。対して新規にサッシュレスの大きな開口部が設けられ、ファサードにリズムをもたらしている。発電室は交差ヴォールトをもつオーディトリアムに生まれ変わり、大きな開口にステンドグラスが嵌め込まれ、室内に柔らかな光を落としている。

複数の年代にわたる既存建物それぞれのもつ、多くの空間的特性を個々に活用した意欲作と言える。やや全体的な統一感に欠けてはいるが、混在する多様な場が、このオフィスに強い活気を生み出している。[S.M]

北側ファサード。レンガのルーバーが1、2階を覆う

エントランス(旧穀物庫)。集成材による階段が空間に固有性をもたらしている

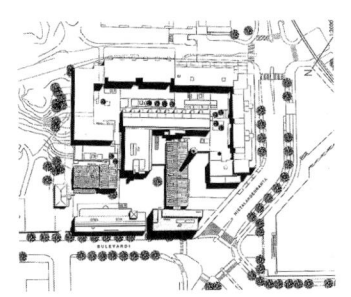

配置図

断面図　　　　　　　　　2階平面図　　　　　　　　3階平面図

旧蒸留所の会議室。新規に嵌め込まれたステンドグラスには、会社の歴史が描かれている

旧穀物庫3階のオフィス

旧穀物庫と旧醸造所の接続部内観。ガラスによって覆われている

会議室(旧醸造所)。交差ヴォールトの天井

旧穀物庫と旧醸造所の接続部外観。渡り廊下が挿入されている

アドホックなコンバージョン

チェレーレ・ビル サン・ロレンツォ地区
Pastificio Cerere, Quartiere San Lorenzo

用途 ———— パスタ工場[1905] ▶ 住居、アトリエ、オフィス等[1970年代]
設計者 ———— 不詳
所在地 ———— Roma

19世紀末に軽工業やその労働者のために開発されたサン・ロレンツォ地区は、テルミニ駅から徒歩圏でありながら旧市街とは隔絶された雰囲気が漂う。穀物の女神の名を戴くチェレーレ・ビルは、1905年に隣接する住居用ビルと工業用ビルを連結して建てられたパスタ工場で、この地区の中核となる建物だった。しかし60年代に工場は放棄され廃墟と化し、そこに再びアーティストが住み着き始めたのは70年代後半のことだった。

寂れた工場が徐々にアトリエやソーホー等として使用されるにつれ、古ぼけた地区全体も次第にアーティストの住む町へと変貌していった。人々の緩やかなつながりと、それを受け入れる場所は存在するが全体を統御する計画はない。

チェレーレ・ビルはこの街の姿そのものでもある。複数のビルを連結して生まれた迷宮的な空間、それを不規則に占拠する種々雑多な住民。活気あるスタジオやソーホー等が錆び付いた工業用エレベータや埃の積もったがらくたの散らばる廊下と鮮烈な対比を生んでいる。

我々の訪れたレンタルオフィスではこの建物のルーズな雰囲気と同調するように、仮設用鉄パイプ等を駆使して簡易なブースを作っていた。オフィスはその都度必要な面積を借り足す形で無計画にビル内に広がるが、素材とそれを組み合わせる簡素なシステムによって全体性が緩やかに形作られている。既存に逆らわず状況に応じて変化可能な柔軟な「非計画」に伸びやかな創造の息吹が感じられた。[A.K]

階高の異なる複数の建物を連結したため傾斜したブリッジが飛び交う中庭

家具や鉄パイプを活用して貸しオフィスブースが構成される

夕暮れになると廃墟に灯がともり人の生活がうかがえる

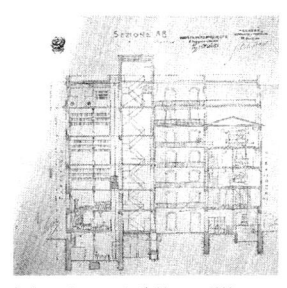

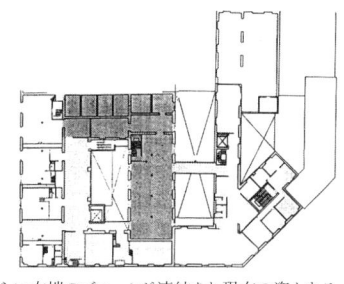

断面図(左)と平面図(右)。左端のブロックと中央のブロックを連結して増築した。さらに右端のブロックが連結され現在の姿となる

ティブルティーナ通り側ファサード。元々は別々の建物を連結して4層分のファサードが作られた。上部はさらに増築

ブリッジの中央が領域の境界線。片側は小さな庭

無意味なデザインのコントロールや整備はいっさいされず放置されたままの共用部。使われなくなった資材等が散乱している

レンタルオフィスの会議室。壁・天井は白ペンキ。光沢のある金属製のダクトと点光源の照明で現代的な空間となる

異なる立面の建築操作

ステークス・アンド・セナト社屋
Senaatti-Kiinteistöt

用途 ─── 穀物倉庫 1934 ▶ オフィス 2002
設計者 ─── Mikko Heikkinen, Markku Komonen
所在地 ─── Helsinki

ヘルシンキ東岸の一画にサイロを中心としたレンガ造の工場地帯がある。この工場地帯は1919年に建築家ヴァイノ・ヴァハコリオが描いたマスタープランに基づいて建設された。近年その役を終えた工場地帯が段階的に転用され始めた。ステークス・アンド・セナト社屋もそのひとつであり、ヴァイノ・ヴァハコリオによる隣接棟のパン工場も芸術学校に生まれ変わろうとしている。ステークス・アンド・セナト社屋は元が1934年竣工の穀物倉庫と地域のシンボルとなったサイロであり、2002年に建築家ミコ・ヘイキネン、マルク・コモネンによってコンバージョンされた。

港湾側に位置する外壁レンガ造の棟と隣接建築より突出したサイロはL字型に配置され、旧パン工場とともに中庭を形成している。曲面が織り成すサイロは外観を保存するために修復され、内側にエレベータ、階段、トイレが新設された。一方中庭に面する南側の立面にはオフィスの室内環境のために全面にわたって開口部が設けられた。ルーバーを伴ったファサードは全く今日のオフィスビルのようである。2階の床スラブは1階のエントランス・ホールの天井高に余裕を与えるために撤去され、鉄筋コンクリート造のマッシュルームコラムが露出している。柱とスラブのみならずサイロの切断面にも荒々しいコンクリートがそのまま露出し、新たなデザインを予期させる。
地域のシンボルの継承と倉庫の執務空間へのコンバージョンという全く相容れない課題は、それぞれ異なる立面の建築操作によって実現した。建築の内外ともに巧みな操作を加えることに成功した秀作である。[T.M]

リズミカルなサイロのファサードはレンガ造建築の中で突出している。エントランスは交差点脇のトンネルの中にある

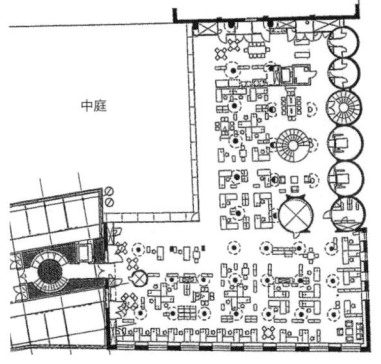

事務所階平面図

計画案の外観パース

南側の立面に新設されたガラスのファサードは中庭に面している

スラブと柱の接合部が切断されたままとなっている

鉄骨の補強材と全面ガラスの開口部

サイロの内側に設けられたロビー。構造体の切断面が露出しているため、コンクリートの荒々しさがそのまま現れている

サイロの端部は円形のため、エレベータ、トイレ、階段室などが収められている

変電所のデザインを生かしたオフィスへ

メタハウス
MetaHaus

用途	変電所 20世紀初頭 ▶ オフィス
設計者	MetaDesign
所在地	Berlin

エントランスホール。上部には渡り廊下やクレーンなどが保存されている

建築家ハンス・ハインリッヒ・ミュラーによって1920年代に建てられたベルリン郊外の変電所をオフィスビルとしてコンバージョンしたものである。ミュラーのデザインをよく理解している設計者のメタデザインは、旧来の印象的なこの工業建築の魅力を見出し、現代へと適合したデザインを施した。

通りから見ると、建物の外観はほぼ完全に保存されており、裏の駐車場側にはデザインされた1本のエレベータ付き非常階段が備え付けられている。外観としてはレンガで統一された壁面に対して軽快にリズムよく配置された開口部により、全体に重厚感を感じさせない。特に階段室がある部分の縦長窓は特徴的である。また交差点に面した部分の建物の角を丸く処理してファサードを2面つなげることで、全体としてよりまとまった印象を受ける。

エントランス・ホールは2層吹抜けの高い天井と、白い平面壁とガラスと鉄によって軽やかな印象を与える。上部には渡り廊下とコンバージョン前まで使用されていたと思われる機材が、剥き出しで渡り廊下と同じ色に塗装されて保存されている。1面はガラス張りとなっており、エントランス・ホールへ入ると自ずと内部へと視線が向かうようになっている。その先にはガラスの屋根が架かった内部化された中庭がある。重機を収めていたと思われる縦長の大きな扉が規則的に立ち並ぶこの吹抜けの中庭空間は、建物の中心に位置し最も特徴的な空間である。[S.K]

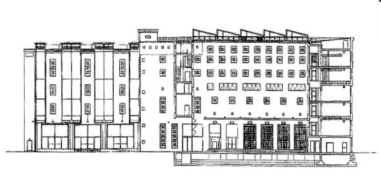

断面図(左)、一階平面図(中)、基準階平面図(右)

中庭吹抜け空間。かつては外部であった中庭にガラスの屋根を架け、内部化している

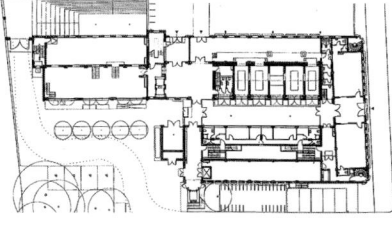

交差点からのファサード。階段室のある縦長窓が特徴的

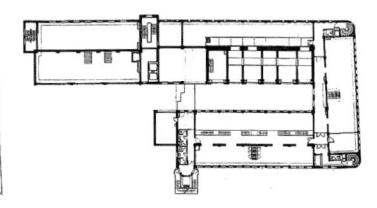

エントランス

歴史都市をハイテク都市に
テティス海洋沿岸技術研究所
THETIS Centro tecnologico specializzato in tecnologie marine e costiere

用途────海軍工廠[16〜19世紀] ▶ 研究所[1997]
設計者───Iginio Cappai, Pietro Mainardis
所在地───Venezia

周囲にはかつての軍事拠点ならではのランドスケープが展開する

ヴェネチア海軍工廠は芸術ビエンナーレの会場としては有名だが、ギリシャ神話の海の女神の名前を襲いテティスと命名された海洋・沿岸技術研究所としての恒久的賦活は知られていない。1989年、荒廃の進む同工廠の再利用策をヴェネチア大学が提案、以後、欧州連合の基金等を得ながら1997年に工事が終了した。もちろんベニス憲章発祥の地だけに新旧の材料区分は明確だし、旧建築を損なわずに介入時の状態へ復原可能である。テティスは629万ユーロの資本金を有し、2004年には100万ユーロ弱の純利益を産み出しているから、1,000万ユーロの初期投資の回収も順調である。また、120人の高等教育修了者の雇用を産み出している。目立つ事例ではないが、旧建築の文脈に沿った機能の考案、歴史的建造物に十分に配慮した転用設計、そして初期投資を順調に回収しつつ新たな知財と雇用を発生させる運営等、この賦活の社会的成功はもっと注目されてもよい。[M.T]

100万ユーロの純利益を産み出すハイテク研究所  　　ベニス憲章に則り新旧の区分を明確にした建設

5,000万ユーロの経済波及効果

コットン・コングレッシ・ジェノヴァ
Cotone Congressi Genova

用途　　木綿倉庫 20世紀初頭　▶︎ ジェノヴァ万博パヴィリオン 1992　▶︎ コンフェランス・コンプレクス 1995
設計者　Renzo Piano
所在地　Genova

1992年ジェノヴァ万博は、木綿倉庫をパヴィリオンとして活用した点で画期的だが、万博後、それはさらにコンフェランス・コンプレクスとして賦活された。これは、マスター・アーキテクトのレンゾ・ピアノの発想によるところが大きい。とはいえ、ピアノが都市設計家としても優れているのは、それを取り込みつつ荒んだ旧港をアメニティ溢れる13haのウォーターフロント公園として再生したことだ。旧港と市街を分断していた幹線道路の地下化まで断行した結果、今日では、年間350万人の来訪者を迎え入れ、年間4,850万ユーロの収益と常勤900名分の雇用、さらには5,000万ユーロの経済波及効果を産み出している。2001年にはこの会議場でG8サミットが開催されるなど、ジェノヴァの名は世界ブランドとなった。ひとつの古ぼけた倉庫のコンバージョンが、歴史的都市を世界的なクリエイティヴ・シティにコンバージョンしてしまったのである。[M.T]

コットン・コングレッシ外観

建築の賦活を契機に都市もコンバージョンし、旧港と市街を分断する幹線道路を地下化

幹線道路の地下化により安全なアクセス空間を構築

周辺をウォーターフロント・パークとして再生する波及効果

鉄道操車場ヴァナキュラリズム

ル・フリゴ
Le Frigo

用途————冷凍貯蔵庫[1919] ▶ 芸術家のアトリエ群[1980年代]
設計者———不詳
所在地———Paris

　鉄道操車場の跡地活用は先進国共通の問題で、パリ・オーステルリッツ駅東方に広がるそれは、ドミニク・ペローの国立図書館をコアとしたセーヌ左岸協議整備区域として世界的にも有名である。そこでひと際異彩を放つのが、ル・フリゴだ。新建築群の中での無骨な産業遺産という異質性のみならず、壁面のスプレー塗料のイラストが、国立図書館のガラスのカーテンウォールと好対照をなす。1919年にパリ・オルレアン鉄道会社が建設したこの冷凍貯蔵庫は、1971年の操業停止後、一部が工房として貸し出された。しかし、冷凍庫機能が要求する70cmの壁厚が、抜群の遮音性を有することがコメディアンや音楽家に知られ、さらに芸術家たちが合法・不法を含め住み着いてしまう。そしてセーヌ左岸開発での取り壊し計画に異議を申し立て、ついには保全を勝ち取ってしまうのである。したがって、このコンバージョンは建築家なしの建築であり、鉄道操車場ヴァナキュラリズムの金字塔である。[M.T]

ル・フリゴ全景

荷物用エレベータは作品運搬用に転用

まるで全面新規開発に異議申立てをするかのような落書き作品

貯蔵庫内の小宇宙

カルチャー・ブリュワリーの広告代理店
An Advertising Agency Office of Kulturbauerei

用途───醸造所、貯蔵庫[1889] ▶ オフィス[2001]
設計者───Mateja Mikulandra-Mackat
所在地───Berlin

歴史的建造物として保護されている1889年建設の大規模ビール醸造所を、映画館やクラブやカフェなどの複合施設に転用するプロジェクトの一画として、貯蔵庫部分が事務所に転用された事例である。既存の醸造所は、ホーフと呼ばれる中庭に対し、開く構成を採っており、転用後のカフェやショップに転用された場所では、中庭にそれらの賑わいが溢れ出し、それがホーフの性格となっている点が面白い。しかし本事例の貯蔵庫は小さなエントランス空間がホーフに接するだけであり、奥のオフィススペースの開口部は既存の小さな窓とトップライトだけであった。そこで、ここでは最大限トップライトに向かって開かれることとなった。オフィススペースは、トップライトの真下に樽の形をモチーフにした会議室が吊るされ、その下に背の低いパーティションで区切られたオープンタイプである。フレーム以外光を透過する素材で構成される会議室は、下のオフィススペースに対して光のヴォリュームとなって浮かび上がる。時間とともに変化する光の効果は、空間に象徴性を与え、そこで働く人々の創造性を刺激する。[Y.T]

トップライトの下に吊るされた会議室が明るく光る

会議室内部

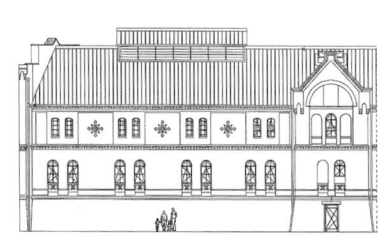

建物立面。外観は保存された

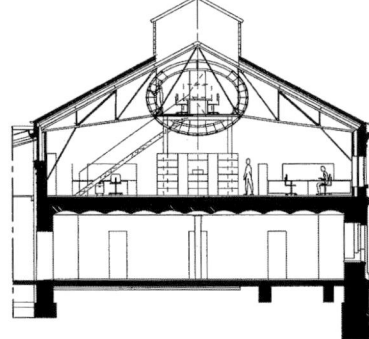

断面図

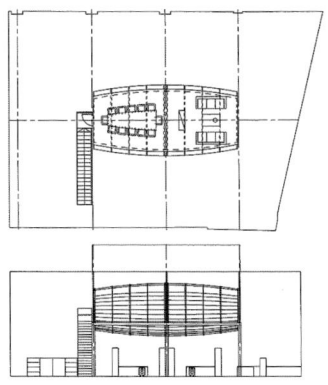

会議室詳細

無骨と繊細の弁証法

ジャンパオロ・ベネディーニ建築設計事務所
Gimpaolo Benedini Architetto Studio

用途————修道院の一部 15世紀 ▶ 兵器庫 18世紀 ▶ デザイン事務所
設計者————Gimpaolo Benedini
所在地————Mantova

15世紀に修道院の一部であった建物の、建築スタジオへの転用である。既存は高い天井高の一室空間で、その半分の面積に水周りなどを収めた中2階のヴォリュームを挿入しただけの単純な改築である。

しかし特筆すべきはその構成的手法ではなく、既存の無骨な構造と、新規の繊細なディテールの対話であろう。細く現代的なサッシュは、その肌理の粗い仕上げの鉄の素材感によって、無骨な躯体の開口部に極めて自然に収まっている。中2階の柔らかい白のヴォリュームは、分厚いスタッコの壁や豪快な木の小屋組との調和をなしている。そしてそれら新旧の対話＝弁証法は、すべてが徹底して正確なプロポーションでデザインされることによって、統合、昇華されている。

このスタジオは、マントヴァの巨匠、アルベルティとマンテーニャの建物に隣接している。美しいディテールと正確なプロポーションは、ふたりの巨匠の時代の理想が、このスタジオにおいて今も生きた規範として踏襲されていることの証明である。[T.S]

エントランス周り。オレンジの壁とそれに取り付く見付の薄い鉄板の階段が、小さな中庭からの光を受けて鮮烈な印象

スタジオ外観(中央)。アルベルティのサン・セバスティアーノ教会(右)とマンテーニャ自邸(左)に隣接して建つ

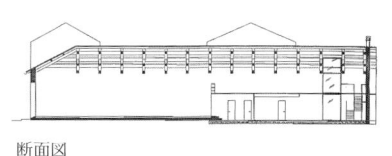

アトリエ部分。既存の小屋組は手を付けておらず、無骨な印象。奥に中2階の白いヴォリュームが見える。ヴォリューム上部は所長のアトリエ

断面図 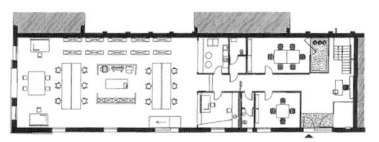　　1階平面図 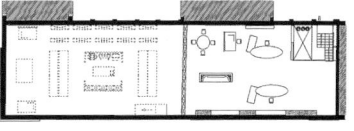　　2階平面図

既存痕跡を残しつつ、アグレッシブに介入

ダンテ・O.ベニーニ建築設計事務所
Dante O. Benini & Partners Architects

用途　　工場、倉庫、住宅 ▶ 建築設計事務所
設計者　Dante O. Benini & Partners Architects
所在地　Milano

外観全景。ファサードにはDPGによるカーテンウォールが用いられ、新築の現代デザインに見える

工場や倉庫として用いられていた、さほど規模の大きくない既存の産業建築と、隣接する住宅2棟をつなげつつ、建築設計事務所への工夫に満ちたコンバージョンを行った例である。工場、倉庫部分が1層の大空間であったため、自由に2階の床を入れてアトリエとし、住宅部分は既存住宅の隙間を中庭に残しながら、ミーティングルームと所長のプライベートオフィスに転用している。さらに工場、倉庫部分には、既存の構造体を残したまま地下を掘り、ガレージを新たに設けるという大技も用いている。ファサードはDPGによるカーテンウォールで覆われ、一見すると新築の現代デザインに見える。

大掛かりなコンバージョンであるが、随所に既存建物を効果的に残したデザインを行っている点が興味深い。半透明のカーテンウォールのファサードでは、既存開口部のアーチ部分を透明にすることで、既存意匠の現代的翻案を行っている。屋根の勾配が緩いトラスはやや無骨ながら、新しいデザインとは馴染んでいる。全体の印象からはやや唐突に思える元住宅部分や中庭は、既存に依存した偶発的デザインであるが、白い壁、古い柱や木造屋根を残すことで、建物全体としては、スケール感や仕上げに抑揚が生じて面白い。必要に応じて、周囲の建築を入手しながら増殖して床を増設しつつ、既存の痕跡を残しながら現代的なデザインをアグレッシブに挿入していく様は、コンバージョン手法のひとつの興味深いあり方を示している。[K.K]

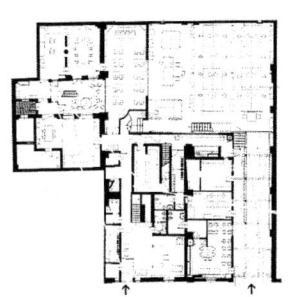

旧住宅間の中庭　　1階平面図　　2階平面図

ファサードの既存開口部のアーチは、透明ガラスとなり、既存意匠の現代的翻案となる

2階アトリエの光景

白の上の白
リッソーニ・デザイン事務所
Lissoni Associati

用途 ──── 絹工場 20世紀初頭 ▶ 品質管理会社 1950年代 ▶ デザイン事務所 1998年
設計者 ── Piero Lissoni
所在地 ── Milano

1階アトリエ。硬質なモダンデザインに調和した節度ある改装。奥に見えるガラス壁には白いボーダーのプリントが施され、現代的デザインとモダンデザインの対話が図られている

20世紀初頭に多く建てられた、ミラノの歴史的中心市街地(チェントロ・ストリコ)周縁の工場のひとつを、建築家が自らの事務所として改装したものである。高い天井高、いっさいの装飾を排した平滑な壁・柱、正方形グリッドの開口部、合理的な均等スパンなど、既存建物はまさにモダンデザインを体現する当時の典型的な工場であった。

まず既存の躯体・空調・配管などが、オリジナルを尊重して徹底的に白く塗り直され、不要な壁は取り壊された。その上に、淡いベージュのビニール樹脂の床、脱色されたブナ材のテーブル、淡いグレーのランプシェード、ボーダーのプリントが施された大ガラス壁など、現代的な「白」が重ね合わされた。新規の什器はどれもエッジの効いた矩形のデザインではあるが、ストイックなモダンデザインの中に置かれた微妙な色合いのそれらは、不思議に暖かみをもって感じられる。かつて「白」は、徹底的な清潔さ、厳格さ、論理的・視覚的透明性の象徴であったが、ここで我々は、もっとルーズで、柔らかく、触覚的な「白」を見ることができる。

緊張感を保ちつつも、どこかリラックスした雰囲気が、作業に追われるアトリエ中に満ちていた。それは均質な白の上に重ねられた、多様な白のなす効果なのだろう。マレヴィッチの絵画「白の上の白」の、無限の奥行きを生み出す白と白の重なりが思い出された。
[T.S]

外観。奥の低層部分が事務所

地下1階平面図　　　　1階平面図

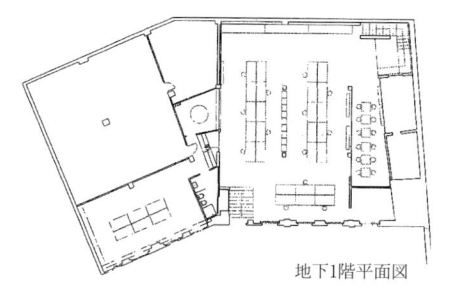

地下1階光庭。レンガのテクスチュラルな表情が白一色の全体の中でのアクセントとなっている

地下1階アトリエ。配管なども剥き出しであるが白く塗装され、無骨さは抑制されている。長い矩形の照明の傘が、空間に奥行きを与えている

新旧の要素が互いを引き立てる

アメリカ気象協会
American Meteorological Society

用途　　馬房[1806] ▶ オフィス[2002]
設計者　Anmahian Winton Architects
所在地　Boston

中2階部分。既存の小屋組には手を付けておらず、中2階を支える鉄骨造の梁との対比が印象的

1806年竣工の馬房が2002年にアメリカ気象協会の事務所にコンバージョンされた。馬房はジョージア様式の住宅が連なる地区の一画にあり、歴史的建造物に指定された建築である。ゆえに構造補強以外の改修工事は認められておらず、大規模な改修を実施する場合は現状復帰が義務付けられていた。馬房にはこうした条件が課せられていたが、天井高に余裕のあったため、鉄骨造の梁を架け、中2階を新設することが試みられた。何世紀も経たレンガ造の内壁と新たに挿入された現代建築の鉄骨による架構の対比は大変ダイナミックである。しかも新旧のコントラストの際立ちが絶妙なバランスを保っており、馬房は落ち着いた執務空間に生まれ変わった。もうひとつ目を引くのは天井高いっぱいの巨大な扉である。かつて馬の出入りに取り付けられていた扉は破損していたため、馬房に保管されていた200年前の木材を使用して修繕したという。

アメリカ気象協会の事務所は時代を経た馬房のデザインと新たに挿入された現代建築のデザインと対比・調和させることにより、新旧両者の建築デザインを巧みに引き立たせたコンバージョンである。[K.F]

外観。中央の巨大な扉が、かつての馬房を彷彿させる

1階。レンガの壁、天井まで届く巨大な木造の扉、鉄骨造の梁が対比をなしつつもバランスを保ち調和している

構造体を生かした空間計画

ス・プレックス
Sous-Plexe

用途────店舗、印刷所 ▶ アトリエ兼住宅²⁰⁰¹
設計者───Carl-Fredrik Svenstedt
所在地───Paris

ス・プレックスは1階の店舗と地下1階の印刷所をアトリエ兼住宅に転用したものである。1階は通り側からリビング兼打合せスペース、吹抜けと階段、ダイニング・キッチンの三つの部分から構成されている。中心の階段と台形の吹抜けは地下1階の各室に自然光をもたらすとともに、室内全体の換気にも大きな役割を担う。さらに地下1階のアトリエと住宅の各諸室の環境を最大限改善するため、通り沿いに吹抜けが、浴室に天窓がそれぞれ新設された。リビング兼打合せスペースとアトリエがひし形となり、階段と吹抜けが五角形や台形となったのはデザインによるものではない。既存の構造体の位置と配置、地下1階の快適な採光・換気を考慮して計画されたものである。その結果、快適な居住・執務空間が薄暗い地下1階に確保され、快適なアトリエ兼住宅がすべて連続したひとつの空間のなかに成立した。

ス・プレックスは居住性の悪い階でも、建築構造の検討に基づいた優れた空間構成と室内環境の改善によって、快適なアトリエ兼住宅にコンバージョンできることを示した作品である。[T.M]

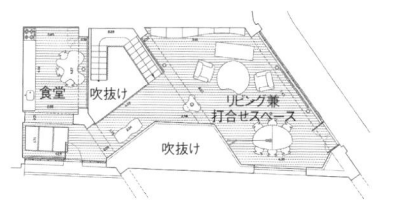

1階平面図

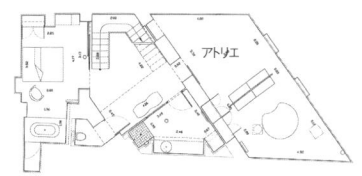

地下1階平面図

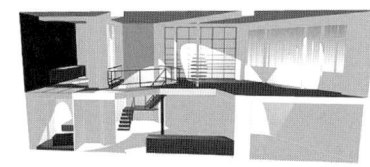

断面パース

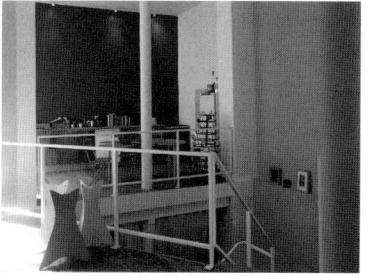

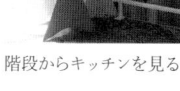

階段からキッチンを見る

正面写真

都心に立地する産業遺産のアドヴァンテージ

テート・モダン
Tate Modern

用途────発電所[1952] ▶ 美術館[2000]
設計者───Herzong & de Meuron
所在地───London

絶妙の傾斜が本来なら単調なタービン・ルームを都市的にする

よくもかかる都心に火力発電所があったものだ。ただ、そのためか、設計にはギルバート・スコット卿が起用され、テムズ河に煙突を中心とした対称形の、新古典的なファサードが向けられたことで、ランドマークのシンボル性を獲得していた。それに現代美術部門の拡張を目論むテート・ギャラリーが目を付けた。総面積42,390㎡という巨大建築は、かつてのタービン・ルームを利用した長さ155m×幅23m×高さ35mのヴォイドや最上階2層分に設置されたガラス・ビームを軸に清々しく仕上がっている。ただ、このコンバージョンで見落とせないのが、煙突に向かって対岸から架けられたノーマン・フォスター設計のミレニアム・ブリッジであろう。美術館という文化施設のみならず、人道橋という都市施設の付設により、さらに多くの人々がセント・ポール大聖堂などの歴史地区から流入する。そこに、ロンドン市が目論むブラウン・フィールド再生戦略を見出すことは困難ではあるまい。[M.T]

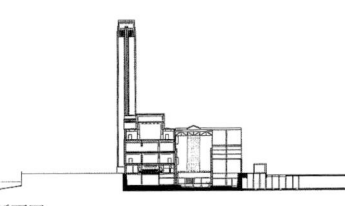

断面図

ミレニアム・ブリッジの戦略的布置

工場空間から展示空間へ
ローマ市立現代美術館
Galleria Comunale Arte Moderna e Contemporanea Roma

用途────ビール工場^{20世紀初め} ▶ 美術館
設計者───Odile Decq, Benoit Cornette
所在地───Roma

エントランス・ホール。ガラスの大屋根が架けられ、さらに奥の増築予定地につながる

道路側の立面。左右対称形の端正な正面

鉄とガラスの接合部のディテール

　20世紀初めに竣工した中庭型のビール工場がローマ市立現代美術館にコンバージョンされた。通り沿いの2階建ての棟は事務所に、対称に配置された地上3階・地下2階建ての2棟は展示室に転用され、これら3棟に囲まれた中庭は現代建築によく見られるガラスの大屋根によって半屋外のエントランス・ホールに改修された。転用前が工場であったため天井が高く、展示室への転用は容易であったが、2棟からなる展示室は鑑賞動線を確保するために、中庭を貫くように2階および3階にガラスのブリッジが渡された。左右対称、コーニス、縦長窓などの古典主義建築のモチーフによる工場建築と、鉄とガラスの現代建築による架構のコントラストは、建築コンバージョンの新たな手法を予感させるものである。
　このアトリウムの先には美術館の増築計画があり、2000年に設計競技が開催された。1等案もL字型配置の2棟の工場が中庭を取り囲みながら美術館に転用されるというものであった。[T.M]

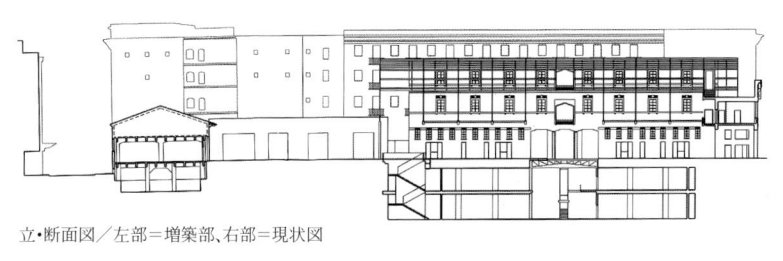

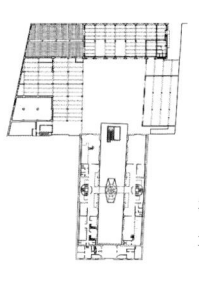

立・断面図／左部＝増築部、右部＝現状図

平面図
上部＝増築部
下部＝現状図

要塞島のコンバージョン

スオメンリンナ島・インフォメーションセンターC74
Inventaariokamari C74, Suomenlinna

用途　　武器庫[1788] ▶ インフォメーションセンター[1998]
設計者　LPR-arkkitehdit Oy
所在地　Helsinki

武器庫が続く中、外壁レンガ造の新築棟から屋根が突出する

講演室。最小限の改修工事しか実施されていない

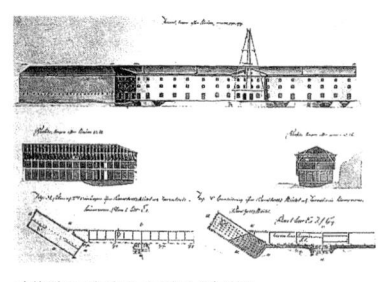

改修前の平面図、立面図、断面図

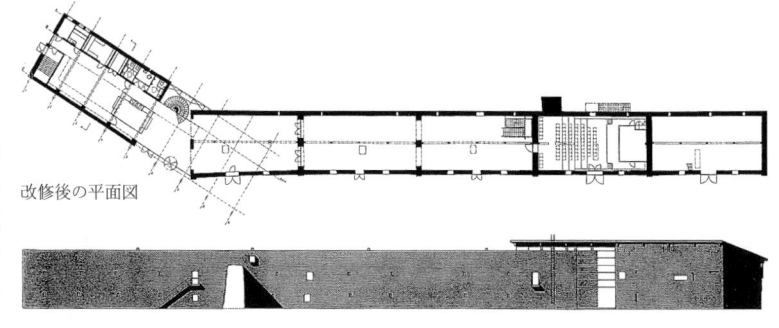

改修後の平面図

改修後の立面図

ヘルシンキ港に隣接したスオメンリンナ島は要塞島であった。そのため古の軍用建築が島の各地に点在している。こうした外壁レンガ造の建築が織り成す風景が新たな価値をもち始めたのは、1991年スオメンリンナ島が世界遺産に登録され、数々の軍用建築が居住施設を中心に観光施設にも転用され始めてからのことである。その中には城壁がレストランに、地下壕がアトリエに、軍用建築が住宅に、弾薬庫がカフェに転用されたものもあり、特殊なコンバージョンも少なくない。

入江に横たわる武器庫は1788年に建築家フレドリック・アフ・チャプマンが建設したもので、細長い内部空間を短冊状に区切ったような単純な建築であった。構造は外壁に見られるようにレンガ造である。

1944年一部が第二次世界大戦において焼失し、焼失を免れた棟も荒廃した。ライホ＝プルッキネン＝ラウニオが増築棟を伴って武器庫をインフォメーションセンターC74に転用したのは1998年のことである。焼失を免れたのは5棟で、3室が展示室に、1室が階段状の講演室にコンバージョンされた。一方増築棟は焼失した武器庫の跡地に建設され、1階には受付とショップが、2階にはオフィスが設けられた。

両棟ともに木造の柱・梁とレンガ造の外壁が展示室の内外に露出し大変美しい。また新築棟の屋根が旧武器庫の片流れ屋根に合わせるように葺かれ、エントランス上部の大空間が鉄骨造の構造体によって構築された。両棟の交点で博物館の木造の柱・梁と新築棟の鉄骨が複雑に絡み合っているのはそのためである。

1棟のコンバージョンは建築の価値を向上させる。さらに複数棟のコンバージョンが建築のみならず地域に新たな価値を与えている。[T.M]

旧武器庫と新築棟の交点。鉄骨造の構造体と木造の構造体が複雑に絡み合う

展示室。外壁はレンガ造であるが、内部には木造が多用された

工場建築に仕組まれた展示空間

デュースブルク近代美術館
Museum Küppersmühle für Moderne Kunst, Innenhafen Duisburg

用途————製粉工場[1909] ▶ 美術館[1999]
設計者————Herzog & de Meuron
所在地————Duisburg

デュースブルクのインナー・ハーバーでは、ノーマン・フォスターによる約89ヘクタールにおよぶマスタープランに基づいて、産業地域の再開発が進められている。この再開発の特徴はインナー・ハーバーに新たな施設を建設するのみならず、既存の大型産業建築も再利用する点にある。役割を終えた産業施設が、対岸に新築されたオフィスや集合住宅とともに、文化施設、オフィス、商業施設などにコンバージョンされたのはそのためである。1999年ヘルツォーク&ド・ムーロンによるデュースブルク近代美術館もそのひとつで、元が1909年に建設されたキュッパー製粉工場をコンバージョンしたものである。同美術館は3棟の大型産業施設のうちの1棟であり、コンバージョンによってこの地域一帯の主要施設のひとつとなった。

レンガ造の外壁と開口部が保存されたため、外観は明らかに工場建築であり、美術館には見えない。しかし内壁は白色に統一されるとともに、空調や照明などの建築設備が完備され、内部空間はまさに今日の美術館そのものである。産業建築の天井高はその他の建築と比べて、一般にかなりの余裕があることが多い。ところが同美術館では近現代美術特有の大型絵画を展示するために、一部床スラブを撤去し、さらにゆとりある展示空間が用意された。建築の用途や機能は、一般に外観に現れるものである。両者が全く異なる建築はコンバージョンならではである。[T.M]

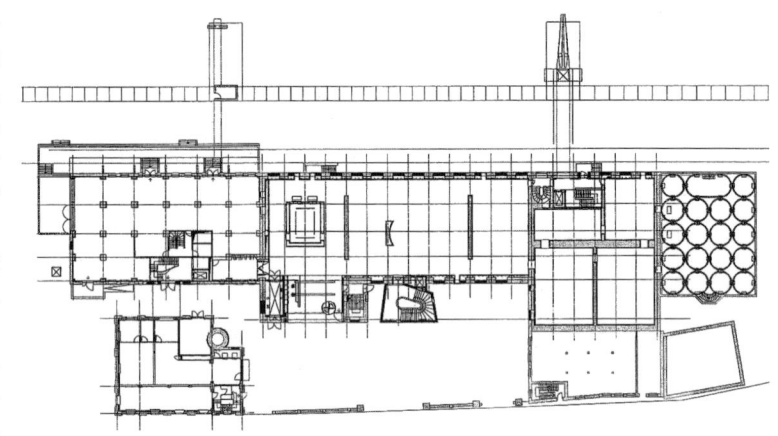

転用後の平面図。中央が美術館の展示室

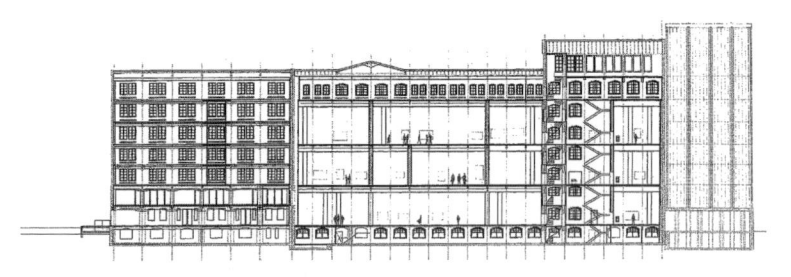

転用後の断面図。中央が美術館の展示室

インナー・ハーバーに展開する工場建設当時

新設された渦巻く階段室

デュースブルク近代美術館の外観。工場建築そのものである

インナー・ハーバーを象徴する3棟の工場群。最奥がデュースブルク近代美術館。他の2棟はオフィス、商業施設、文化施設にコンバージョンされた

天井高にゆとりのある展示空間。白色に整えられた室内は現代建築の美術館と何ら変わらない

産業遺構と古典芸術の遭遇

カピトリーニ博物館 モンテマルティーニ・センター
Musei Capitolini, Centrale Montemartini

用途────発電所[1912] ▶ メディアセンター[1990] ▶ 彫刻博物館
設計者───不詳
所在地───Roma

20世紀初頭テベレ沿岸に建造されたモンテマルティーニ発電所はローマの街灯へ電力供給し近代の輝きで闇夜に沈む古都を照射した記念碑的施設である。ネオバロック調の外観をもつこの建築は各々約1,000㎡のふたつの大空間からなる。一方に全高10mを超えて屹立するレンガ造の炉、他方には軍艦と見紛う巨大発動機が2機併置され、静寂の中に近代の胎動を伝える。1960年代に操業停止。80年代末、近代産業遺構展示施設およびメディアセンターとして整備され、現在は古代彫刻博物館としての機能を担う。かつて灼熱の火焔を放ち黒煙を巻き上げたディーゼル炉や爆音を轟かせて駆動した巨大発動機の足下に、悠久の時を越えて発掘された古代彫刻が静かに佇む。極めて繊細かつ控えめな建築的操作が乱暴とも言える大胆な組合せを成立させる。地上階から発動機が鎮座する大空間中央へ来館者を導く階段や、縦動線と組み合わせて挿入された高みから巨大機械を見渡すことのできるスペースは、目立たぬ形で動線や対象との距離を操作し空間の主役を演出する。

彫刻群の配置もまた秀逸。白い大理石の彫刻に近付き鑑賞するとき巨大な墨色の機械は背景へと退くが、一歩後退して見渡せば、太古の時間と巨大な力動が不思議な対比を生む。崇高なふたつのモニュメントの競演を見てふと呟く。うなりをあげて弾丸のように疾走する自動車は、サモトラケのニケより美しいだろうかと。[A.K]

モニュメンタルな外観。ファサードの裏には巨大発動機が置かれる大空間。エントランスは地上階ポーチ下部

航空写真。テベレ川沿岸に位置する

レンガ造の炉を背景にして置かれた古代の彫刻。スケール感と明度の落差が大きいために背景は干渉しない

軍艦のように巨大な発動機の前に古代の頭像が陳列されている。近付いて見ると発動機は彫刻の背景と化すが、一歩離れると不思議な対比を生み出している

3機存在したディーゼル炉は2機が撤去され展示スペースとなった。炉のために作られた空間は広大。突当りに縦動線とカフェ、ブックショップが目立たぬように挿入された

原型の維持

オランジュリー美術館
Musée de l'Orangerie

用途 ──── 温室[1852] ▶ 倉庫、兵舎、展示施設 ▶ 美術館[2006]
設計者 ──── Brochet-Lajus-Pueyo
所在地 ──── Paris

1852年オレンジ栽培用の温室がファルマン・ブルジョワによって建設された。石造の様式建築はその役割を終えた後も、利便性が高かったため、1921年まで倉庫、兵舎、スポーツ行事、音楽、展覧会などに利用されたと言う。カミーユ・ルフェーヴルが美術館に転用したのは1927年のことである。平面が楕円形の特別室に展示されたモネの『睡蓮』が注目されたのはこのときである。大規模な建築改修が1965年に実施され、館内の全面に床スラブが挿入された。2階建てとなったのはこの頃である。

20世紀末再び全面改修が必要となった。建築コンクールの開催は1998年のことである。選出されたブロシェらは外観を保存しつつ、地下空間を利用しながら『睡蓮』の展示室、現代美術コレクションの展示室、ホール、事務室を巧みに収めることを提案した。今回の改修工事は2階の床スラブをすべて撤去するために、建築全体をいったん解体し、新築に相当する規模のものとなった。屋根はガラス張りのため、『睡蓮』の展示室は外壁の内側に新設された幕によって覆われた。またコレクションの展示室は地下1階に移されたが、ガラスの屋根によって自然光の豊かな空間となった。さらに館内にはふたつの鉄筋コンクリート造の箱が挿入され、対をなしている。ひとつはエントランスの上部に浮遊する事務室であり、もうひとつは空間と光が抑えられた『睡蓮』への前室である。

オランジュリー美術館は外形を継承しつつ、さらに現代建築の新たな要素を採り入れて、当初の美術館に戻された。コンテクストの継承と現代建築の付加のバランスが巧みである。[T.M]

外観

正面。新古典主義風の立面

平面が楕円形の『睡蓮』の展示室

『睡蓮』の展示室。天井から淡い光が採り込まれる

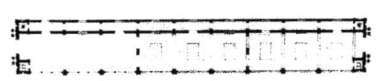

1852年、温室建設当時の1階平面図

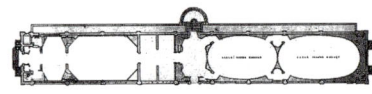

1927年、美術館に転用当時の1階平面図

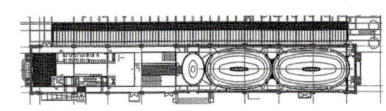

現在の美術館の1階平面図

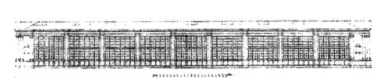

1852年、温室建設当時の立面図

1927年、美術館に転用当時の断面図

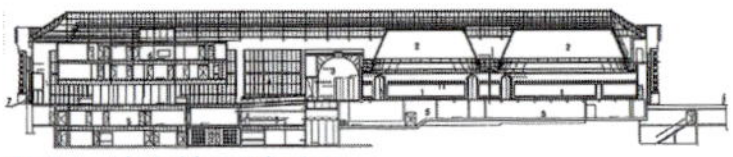

現在の美術館の断面図

『睡蓮』の前室。コンクリートの塊が挿入された

1900年頃の外観

1990年の外観

解体後の館内

地下工事

地階の有効利用がコンバージョンの鍵となった

ガラスの屋根架構のディテール

倉庫に挿入された幻想空間
トゥスコラ美術館
Museo Tuscolano

用途——家畜小屋、倉庫[17世紀] ▶ 美術館[2000]
設計者——Massimiliano Fuksas
所在地——Frascati

1階手前の展示室。荒々しい壁面にスチール架構が架けられ、中央にガラスの展示ブースが配置される

17世紀に建てられた家畜小屋兼倉庫を改修し、美術館として使用している。元々の建物のもつ構成を活用し、階高の高い上下2層、計四つの展示空間によって構成されるが、建築的操作により展示室ごとに異なる性格の空間が生み出されている。元々の床を撤去し新たに挿入されたスチール架構の床は、壁面と隙間を開けて架けられ、上階からの光を下階に導くとともに既存壁面の荒々しさを強調する。それとは対照的に、1階の奥に位置する展示室では、既存のヴォールト天井の素朴な美しさが保存されるが、性格の異なるそれらふたつの展示室を貫くように、ガラスで構成された細長い展示ブースが配置される。

展示ブースは、大空間の中央に高さ2.6mのラミネートガラスが2枚平行に立てられ、その隙間に古代ローマ時代の発掘品が展示されている。展示品は様々な高さのスチールのスタンドに置かれ、その高さに合わせた多数の小型の照明によって照らし出される。2枚のガラスによって光の点は幾重にも反射し、増幅され、かつて倉庫として使われていた無骨な空間に幻想的な軸線を浮かび上がらせている。

無垢の鉄板が露出する架構は既存建物の荒々しさとうまく同調し、かつそれを強調する。一方、ガラスで作られた展示ブースは既存建物との素材のコント

2階展示室。小屋組を露出させたシンプルな展示空間

ラストによって独自の存在感を生み出す。新旧の素材の調和と対比がバランスよくなされ、そこに光によって作り出される幻想的な仕掛けが挿入されることにより、かつての倉庫に新たな息吹を与えることに成功している。[H.O]

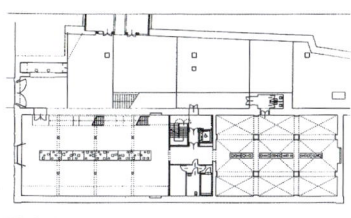

1階平面図 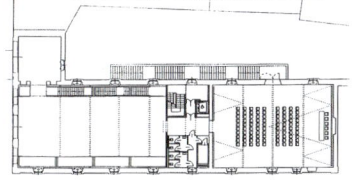   2階平面図 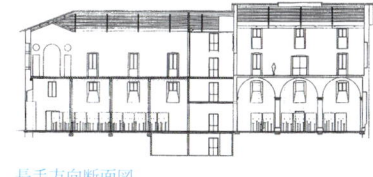   長手方向断面図

1階奥の展示室。2枚のガラスは照明とともに周囲の空間も反射させ、幻想的な虚像を生み出す

新旧デザインの鑑賞

レッド・ドット・デザイン・ミュージアム
Red Dot Design Museum Deutschland

用途————給湯施設^{1932} ▶ ミュージアム^{1997}
設計者———Norman Foster
所在地———Essen

建築家フリッツ・シュップとマルティン・クレマーによって設計されたツォルフェライン炭坑は1932年に操業を開始した。当時世界最大の炭坑であったと言う。施設の操業は産業移転に伴い1990年頃に停止され、多量の炭坑施設が無用の長物と化した。しかし役割を終えた広大な炭坑は2001年に世界遺産に登録され、各施設が段階的に産業と芸術に関連のある諸団体、学校、展示施設などに転用され始めた。重工業地帯が今まさに産業芸術拠点に生まれ変わろうとしている。

そのひとつが1997年にノーマン・フォスターによってコンバージョンされたレッド・ドット・デザイン・ミュージアムである。元は炭坑の給湯施設であり、直線による構成はバウ・ハウスの影響によるものという。新たに設けられたのは動線と展示空間を提供する2棟の鉄筋コンクリート造建築であり、機械設備の大半が放置された棟内の中心に挿入された。美しくデザインされた自動車、ソファー、浴槽、掃除機、調理台などの工業製品は鉄色の炭坑施設と機械設備を背景に展示されているが、今なお躍動感に溢れる館内の機械設備も美しく、当時の産業デザインを今に伝える貴重な展示品と言えよう。レッド・ドット・デザイン・ミュージアムでは展示品ばかりでなく館内のすべてが鑑賞の対象となっているのはそのためである。

建築から展示品に至るまでのすべてを鑑賞の対象とできるのはコンバージョン建築ならではである。重厚な産業施設の中で再び産業と芸術に関する議論が再燃し始めた。[T.M]

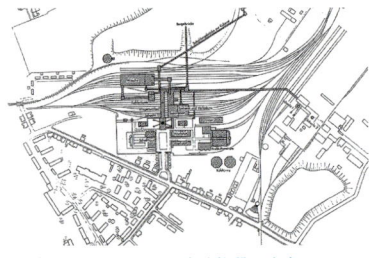

配置図。広大なエリアに炭坑施設が点在している

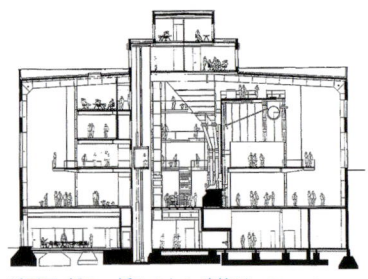

蛇口などの展示品ばかりでなく、給湯施設の構造体と旧来の設備配管、新築棟の展示動線と新設された設備配管が調和した内部空間はコンバージョンによるものだ

断面図。新たに挿入された建築ヴォリューム

給湯施設当時の正面。直線によって構成された工場建築

現在の正面。炭坑の正面から脇に反れたところに突然現れる軸線対称のファサード

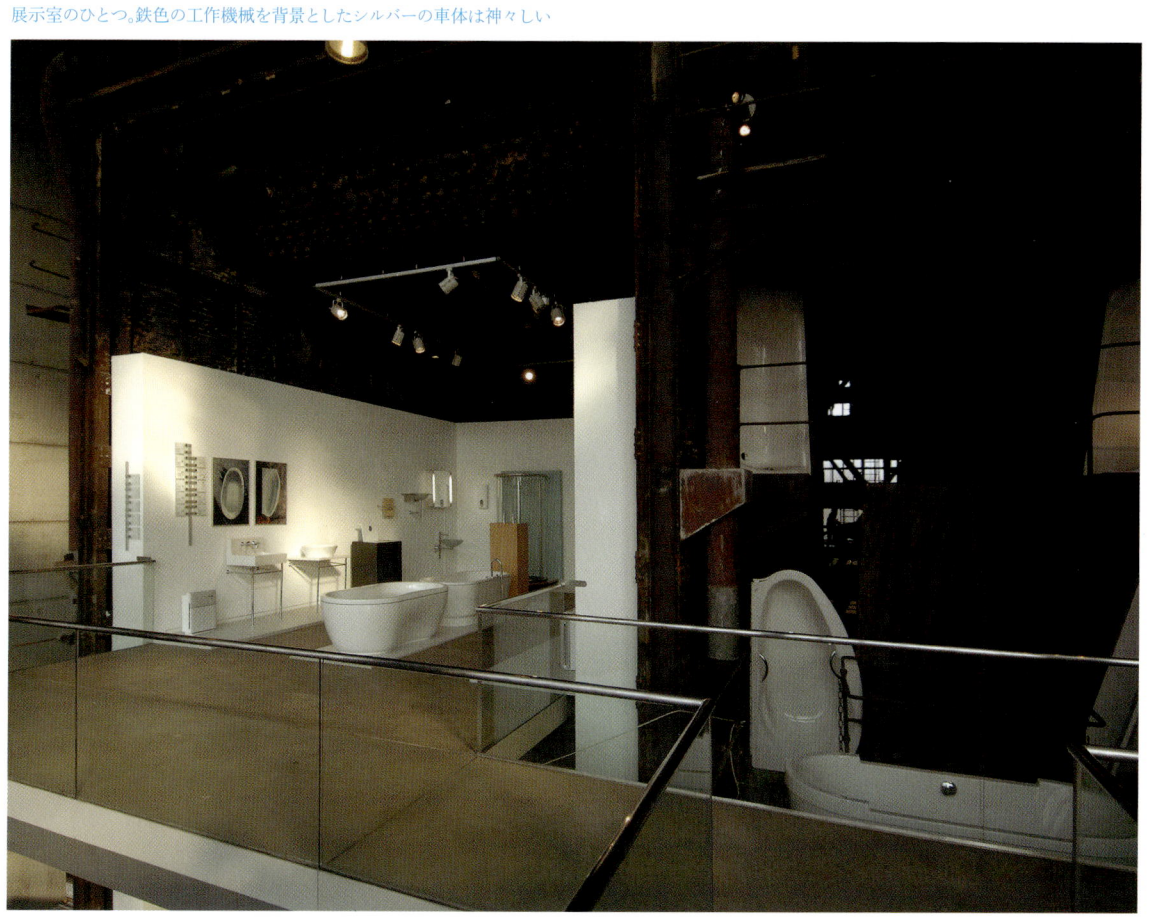

展示室のひとつ。鉄色の工作機械を背景としたシルバーの車体は神々しい

展示品である白色のユニットバスが新設された展示室から溢れ、鉄色の工作機械やデッキの上にまで積み上げられた

穀物庫を立体展示空間へ

トゥルク海洋博物館
Forum Marinum

用途 ─── 穀物倉庫[1894] ▶ 海洋博物館[2000]
設計者 ─── LPR-arkkitehdit Oy
所在地 ─── Turku

既存建物は、レンガ造の穀物倉庫棟（1894年建設）、RC造の増築部、別棟の倉庫からなり、1999〜2000年に全体が海洋博物館へと用途転用された。
穀物倉庫はかつて木造の壁によって12の貯蔵所に仕切られ、上階は作業場となっていた。このうち木造の内壁はそのまま残され、展示スペースや収納庫として使われ、展示スペースには天井から内壁を貫入するようにブリッジが吊られている。このブリッジを回遊すると、様々な展示空間を1階とは異なる視点で効果的に体験できる。カフェには、ガラス張りのヴォリュームが挿入され、船の展示空間となっている。旧倉庫別棟はボート展示場と講堂の機能をもち、新たに挿入された講堂の内壁には造船技術が応用された。
内壁を取り壊すことなくブリッジによって効果的なシークエンスを獲得し、加えて展示物を立体的に配置するなど、展示空間自体にも意欲的な取組みがなされた事例である。[S.M]

川沿いの埠頭側全景

元穀物倉庫棟内展示ブースのひとつをブリッジから見下ろす

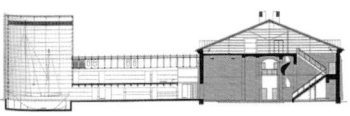

断面図。元穀物倉庫棟（右）とガラスの箱（左）

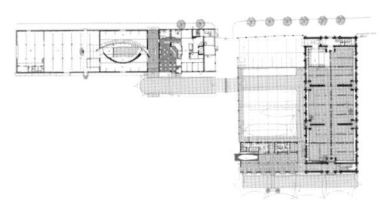

平面図。右が元穀物倉庫棟、その左下にRC増築棟、左上は倉庫棟

元穀物倉庫棟内展示空間入口

元穀物倉庫棟内展示ブースのひとつ

ランドスケープ整備を誘発

パリ第7=ディドロ大学
Universit de Paris VII Diderot

用途————製粉工場[1917] ▶ 倉庫[1950] ▶ 教育施設[2007]
設計者———Rudy Riciotti [図書館棟], Nicolas Michelin [教室棟], HA HA Paysage [庭園], Vong DC [人道橋]
所在地———Paris

セーヌに臨む閲覧スペース

1970年当初は20,000人の定員であったパリ第7大学は、現在実質40,000人の関係者がいる。1980年代後半から検討されてきた移転を決定的にしたが、ほとんどの建物で確認されたアスベストであった。それを支援したのが、1995年当時、労働担当大臣兼パリ市都市計画担当助役であったアンヌ=マリー・クデルク女史だが、移転先として選ばれたのは1916年創業で1996年に操業停止予定だった製粉工場である。これは、ドミニク・ペローの国立図書館で有名なセーヌ左岸協議整備区域にあり、当時は第2期目の方針を探求していた時期で、再開発地区における産業遺産の保存は画期的なテーマとなった。ただ、完成した建物は、建築的にはそれほど魅力的とは言えない。むしろ、周辺のランドスケープに注目しよう。ハ・ハ・ペイサージュによる庭園は、ヴォングDCによる人道橋と相まって、都市・大学・セーヌを結び付ける機能を果たす。フランスではコンバージョンが都市デザインと結託しているのだ。[M.T]

周辺のランドスケープ整備がコンバージョン建築を都市に連結する（2008年完成予定）

教室棟にはパリ市のギャラリーが併設され機能面からも大学を都市に開放

シンボル再生による地域のコンバージョン

トゥルク・アート・アカデミー
Turun Taideakatemia

用途————造船所[1928]、ロープ工場[1934] ▶ 大学施設[1997]
設計者————Laiho-Pulkkinen-Raunio Oy
所在地————Turku

2棟ある造船所のひとつ。内外ともに当時の工作機械が保存されている

1928年古都トゥルクのアウラ川の西岸に2棟の造船所が、1934年全長270mを有するロープ工場が、後に労働者施設が次々と建設され、工業地帯が港湾地区の一画に形成された。操業停止後、中庭を挟んで対置された2棟の造船所はこの地域のシンボルとなった。そのため造船所地区再生のための建築設計競技が1989年に実施された。1等に選出されたのはケネス・アンド・マリアンヌ・ランデルによる教育施設、美術館、事務所の分散配置案で、現在の芸術関連の大学施設を主体とした地域のコンバージョンは同案に基づいている。

西側の造船所1棟はトゥルク音楽学校に転用された。音環境が重要な400席のオーディトリアムとリハーサル室は造船所中央に挿入されたガラス・ボックスに収められ、図書館、カフェテリア、ホワイエがその周囲を取り囲む。さらに研究室とリハーサル室に転用されたロープ工場と労働者施設が造船所とガラス屋根によって連結され、3棟が大学施設として機能する。もう1棟の造船所はトゥルク芸術メディア・アカデミーと製図・彫刻学校にコンバージョンされた。劇場、スタジオ、アトリエが挿入され、ロープ工場は個人アトリエ、展示スペースとなった。内外に保存された工作機械の中にはキャノピーを支持するなど構造体として再び利用されたものもある。

造船所の記憶が刻み込まれた外観は全く大学施設のそれではない。造船所を中心とした港湾地区は集合住宅の新築を伴い、文化・居住地域へと変貌した。象徴的な建築のコンバージョンは地区全体の再生を促す力をもっている。[T.M]

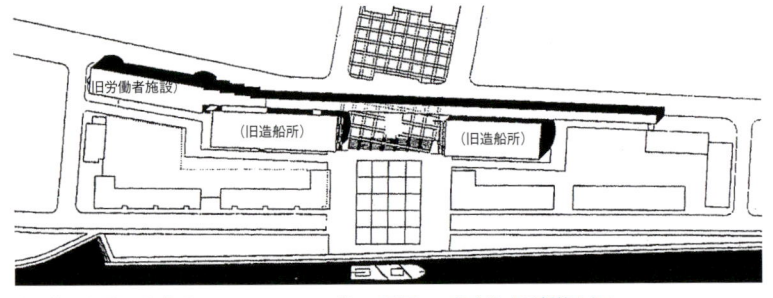

転用後の配置図。造船所のコンバージョンに伴って周囲には集合住宅が新築された

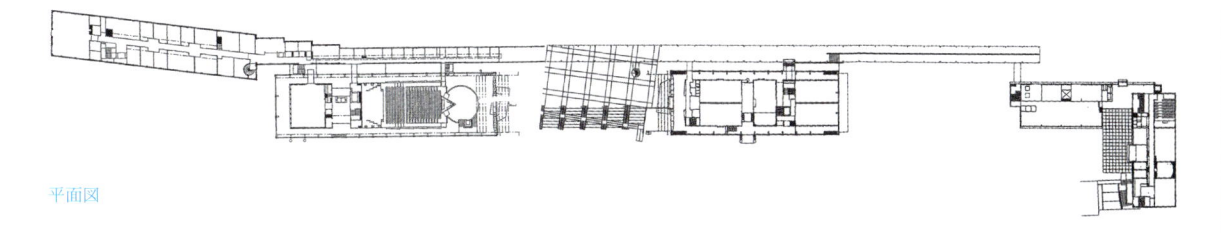

平面図

旧労働者施設と長大な旧ロープ工場のファサード

音楽ホールとリハーサル室が収められた現代建築が旧造船所内に挿入された。外壁との間に図書館が広がる

教室。アーチ型のトタン屋根、鉄骨造の構造体、設備配管が天井に露出している

旧造船所の中央に新設されたリハーサル室

1930年代後半の造船所の風景

音楽学校内のカフェテリア。造船所の構造体が露出しているばかりでなく、工作機械が今にも動かんばかりである

コンバージョン建築に屹立する独自性と伝統性
パリ＝ヴァル・ドゥ・セーヌ建築大学校
Ecole d'Architecture - Paris Val de Seine

用途　　　圧搾空気工場^{1890} ▶ 教育施設^{2007}
設計者　　Frédéric Borel
所在地　　Paris

よもやクリスチャン・ドゥ＝ポルザンパルクのアトリエ出身者、しかもフレデリック・ボレルが文化財建造物の再利用を手がけるとは思わなかった。この建築は、ドミニク・ペローの国立図書館を核に、現代フランス建築の最先端を走る集合住宅やオフィスビルが建ち並ぶセーヌ左岸協議整備区域にあるから、その異質性はさらに際立つ。逆に言えば、フランスではそのくらいコンバージョンが市民権を獲得したということであろうか。ただ、流石はボレル、そこに自身の建築の独自性と、フランス古典主義建築の伝統を併存させることに成功している。まず、新築されたアトリエ棟は、恣意的なヴォリュームを組み合わせつつも品格を失わない独自性を見せており、見ていて楽しい。一方、圧搾空気工場をコンバージョンした図書館棟、煙突を螺旋階段として賦活したロビー空間、そしてアトリエ棟が、フランス古典主義建築に典型的なクール・ドヌール（名誉の中庭）を構成している。この伝統性はプランにも現れていて、複雑なマッスを貫入させつつも簡潔な動線を実現しているのはボレルの力量を見せ付けるものだ。コンバージョン部分では、文化財登録されたファサードを保存しつつ「建物の中に建設する」をキャッチ・フレーズとする賦活がなされている。ケーソンの天井が覆う最上階の閲覧室は無柱の大空間で、さながら18世紀の幻視の建築家エチエンヌ＝ルイ・ブーレーの王立図書館再建案を見るかのようである。[M.T]

最上階の図書館はブーレーのプロジェクトを彷彿させる

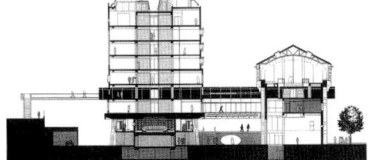

断面図 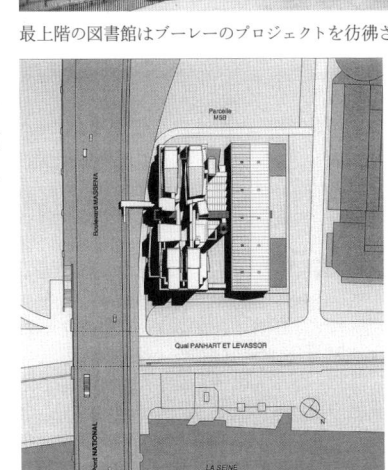 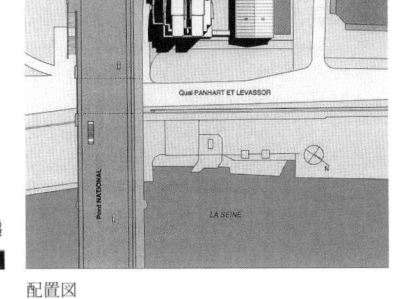　　配置図 　　クール・ドヌール

建築大学校パリ=ヴァル・ドゥ・セーヌ校外観

螺旋階段を包摂したかつての煙突

新旧空間の対話

アート・センター・カレッジ・オブ・デザイン、南キャンパス
Art Center College of Design South Campus

用途──── 風洞実験施設[1940] ► アートスクール[2000]
設計者──── Daly Genik
所在地──── Los Angeles

1940年に建設された風洞実験施設が2000年にアートスクールに転用された。工場地帯のパサデナ地区をアートディストリクトに移行させるという政策に基づき、アートスクールが地域との強い関わりをもつためこの地区に移転した。既存の風洞実験施設はイベントスペースと教室等に転用された。巨大なタービンを取り除いた大空間はイベントスペースに転用され、教室は巨大なトンネルの外壁をなぞるように並べられ、さらに内壁面に開口が与えられたため、絶えず大空間へと視線が開かれ、両者の異なるスケール感が強く意識されるように設計された。さらに、スロープやスキップフロアなどによって高さ関係に微細な変化が与えられているため、動線が単調でなく、かつトンネル空間との位置関係にも変化を生じている。屋上は部分的に緑化されており、部分的に切り込まれた異形のヴォリュームが縦横無尽に立ち並んでいる。このヴォリュームは、軽量化を図るためガラスの使用を避けており、樹

南立面。既存の壁面と階段が対照的

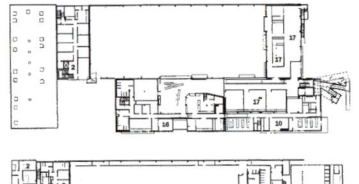

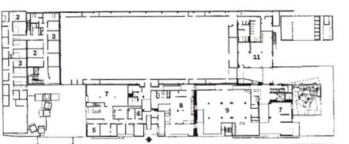

平面図

道路に面した立面。屋上に日射を調整するヴォリュームが設置された

道路に面した立面。新しく増築されたスタジオを眺める

脂製の透明な膜材が二重に被せられている。膜に印刷されたパターンは ブルース・マウによるデザインで、室内への日光を遮蔽するための性能も与えられている。外観においてはその巨大なスケール感を軽減しつつも、内部では大胆に巨大空間を誇張し、既存と増築部が対比的に用いられていることで、コンバージョンならではの空間となっている。このアートスクールへのコンバージョンは、工場建築の転用が有する困難な問題点に対して出された巧妙な回答であると言えよう。[TAM]

風洞実験施設当時の風景。工場から巨大タービンが飛び出す

イベントスペース。既存の架構は保存された。巨大タービンは取り除かれている

直線状に配置された教室。左側にイベントスペースを見下ろすことができる

通路空間からカフェテリアを眺める

屋上に設置された日射を調整する装置

長大な空間を生かした空間デザイン

南カリフォルニア建築学校
Southern California Institute of Architecture

用途　　貨物倉庫[1906] ▶ 建築学校[1999]
設計者　Gary Paige
所在地　Los Angeles

20世紀前半に荒廃した貨物列車の倉庫が建ち並ぶ地区が、グラフィティーアーティストやエンターテイメント業界の目に止まり、ファッション写真、映画などの撮影が行われるなど、クリエイティブな使われ方をしてきた。現在ではこの地区はアートディストリクトとされており、既存の倉庫はホテル、事務所、レストランに転用されるなどコンバージョンを中心とした都市再生が進んでいる。
その中でも南カリフォルニア建築学校は1906年から1940年代末まで利用されていた、サンタフェ鉄道の大規模貨物倉庫を転用した事例である。
建物の躯体は鉄筋コンクリートで作られ、規模は高さ29ft、幅40〜60ftに対して、長手方向はサンタフェ通りの3丁目から4丁目にわたり、その長さは1,250ft（約375m）にも及ぶ、非常に細長い建築である。
長手方向である東西面の巨大な開口箇所の半数ほどにガラスが嵌め込まれ、既設の東西面上部に並ぶ開口とトップライトによって日中は十分に光が入る計画である。トップライトの下にはパブリックな図書室や、学生のブースが設けられるなど、効果的に用いられている。また、階高の非常に高い内部に構造的に自立したヴォリュームを挿入することで、その上部に2階のスペースを確保している。ヴォリューム全体は白が基調とされるが、鉄骨は露わにされ、構造を露出した建物全体との調和が図られる。ヴォリュームに付して新たに設けられた2階の廊下は、その床をグレーチングにし、一部を既存の梁から吊り下げることで、1階との連続性を保ち、上部からの光を下階へ届ける効果を生む。
南北に長い建物の形状から生ずる長大な通路的空間には、プレゼンテーション用の壁面が設けられ、所々で学生とスタッフによる講評が行われ、貨物倉庫という用途から生じた天井高の高く、仕切りのない広い平面は、イベント会場や、学生の作品の展示空間にあてがわれるなどして、既存建築が有する特有の空間が効果的に転用されている事例と言える。[TAM]

通路空間。直線状に伸びた通路ではプレゼンテーションが行われる

2階図書館

通路からトップライトを見上げる

イベントスペース。防音を兼ねたインスタレーション

1階平面図

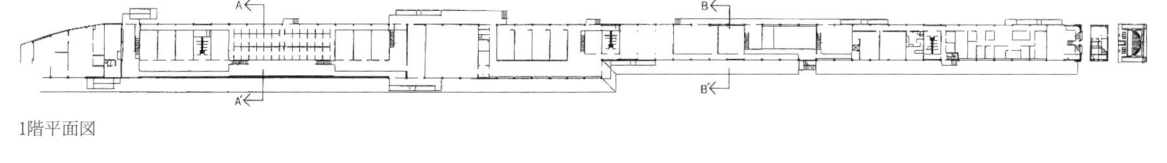

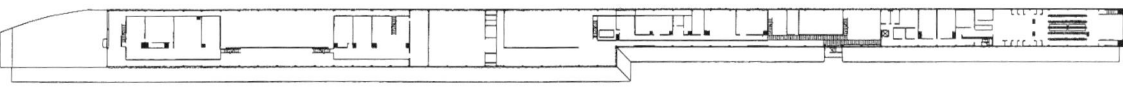

2階平面図

建物外観

通路空間。既存の壁が露出している

2階図書館、展示スペース

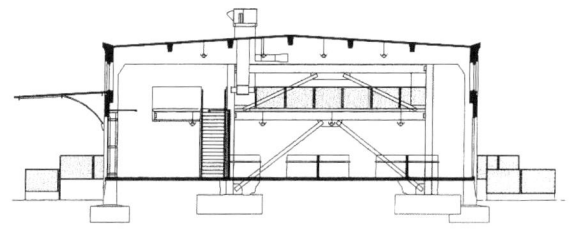

A-A'断面図

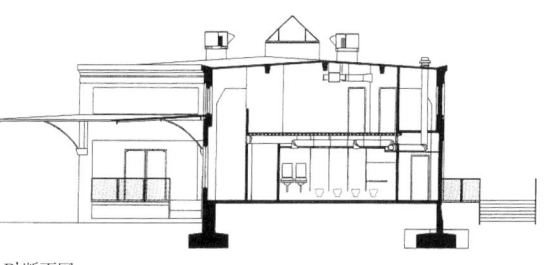

B-B'断面図

工業地域を覚醒する内部広場

カリフォルニア美術工芸大学 モンゴメリ・キャンパス
California College of Arts & Crafts, Montgomery Campus

用途────バス修理工場、操車場[1951] ▶ 大学[1996]
設計者───Leddy Maytum Stacy Architects
所在地───San Francisco

西側正面ファサード。南面以外は全面ガラスで覆われ、内部の構成を表出する。玄関奥の空間カフェテラス、さらに奥に中央の広場が伸びる

カリフォルニア美術工芸大学モンゴメリ・キャンパスは、SOMによって1951年に建てられたバス会社の修理工場と操車場を、建築・家具・絵画・服飾の教育研究施設にコンバージョンした事例で、サンフランシスコの賑やかな中心市街地から離れた工場や倉庫が建ち並ぶ工業地域に位置する。

既存工場のもつ空間特性である巨大な一体空間を、パーティションや増床によって空間を分節することで美術工芸大学に必要な研究室やスタジオを新設し、それ以外の空間はキャンパスにおける内部広場とした。広場の中央の幅は約20ftに及び、動線およびキャンパスに交流をもたらす場となった。左右にはパーティションによって構成された1層のスタジオと、2層のコモンルームが配置されている。中央の広場は校舎を貫き、修理工場と操車場の巨大な空間を最大限に感じさせる。

スタジオにおける制作活動の活気や熱気は、パーティションを飛び越え、キャンパス全体の創作活動を高める。またスタジオや教室からの視線は広場を介して交錯し、制作活動の刺激を互いに享受し合える空間が形成されている。さらにスタジオのみならず広場でも講評会などのオープンレクチャーが行われ、コンバージョンによって獲得された建築空間の特性を生かした教育研究が実施されている。

建築的にもこの建物の骨格である広場の幅と同じ逆V字型の構造補強材が中央の広場の象徴性を高めている。南面以外全面ガラスで覆われた立面によって内部空間が露出し、キャンパス内の制作活動が立面に表出している。開放的な美術工芸大学の建築は、郊外の廃れた工業地域を変えていこうとするサンフランシスコの試みを外部に発信する。[Y.T]

中央の広場をコモンルーム2階テラスより見る。パーティションの奥がスタジオ

コモンルーム風景。上部に既存工場の輪郭が感じられる

白い面を組み合わせたヴォリュームのパーティションで区切られるスタジオ。パーティションの形状によって様々な空間、規模、機能に対応する

オープンレクチャーが行われている中央の広場を、建物東側から玄関方向に見る。逆V字の構造補強材が空間の象徴性を強めている

建物東端の公共スペース。明るく開放的な空間で、外部の雰囲気を内部に採り込む

玄関すぐにあるトップライトのカフェテラス。半外部の空間で、テーブルの間を通って内部に入る

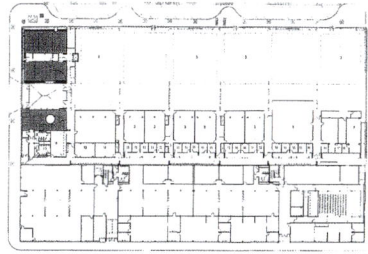

転用後平面

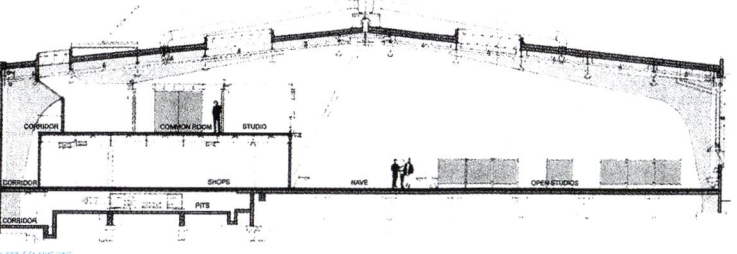

転用後断面

高度な建築設備の導入

ヘルシンキ・ポリテクニク・スタディア
Helsingin ammattikorkeakoulu Stadia

用途────ガラス工場[1899]、織物工場[1950] ▶ 職能大学[1998]
設計者──Kai Wartiainen
所在地──Turku

　フィンランドのガラス器メーカー、アラビアの工場群はヘルシンキ市の北に位置する。この工場群では段階的に機能が移転されており、それに伴う工場地域の再生・整備も同時に進められている。ヘルシンキ・ポリテクニク・スタディアという職能大学のキャンパスもその一環として計画された。キャンパスは工場群の北に位置しており、1899年建築家テオドール・ホイジャーによって設計された工場棟を皮切りに、徐々に増築と改修が繰り返された建築群をコンバージョンしたものである。平面全体の形状が歪なのはそのためで、外観はレンガ造の建築に煙突が聳え立ち、工場そのものに変わりはない。

　1998年キャンパスは1950年に建設された織物工場と翼棟から構成された。旧織物工場ではその大空間を生かすため、基礎と躯体の補強、天井の撤去、実験設備の導入が実施された。補強された鉄骨造の構造体が露出しているだけでなく、空調や照明などの建築設備とともに実験施設用の配管が露わとなったため、外観からは予想もできない内部空間が広がっている。配管設備の内部空間への露出は翼棟においても同様であり、研究室以外は開口部のない閉塞感のある空間が続く。その様はレンガ造建築からは想像もつかない最新の建築設備と実験設備が完備されたハイテク建築と言ってよい。それに対し翼棟の2階に設けられた研究室はトップライトが設けられ快適なも

実験設備用の配管が廊下の天井を走り、その様は今日の最新の設備を整えた実験施設である

のとなった。建築には用途に合わせた設備が必要である。ヘルシンキ・ポリテクニク・スタディアのように高度な建築設備の挿入の可能性を追求したコンバージョンも存在しうるのである。
[T.M]

旧織物工場。補強された構造体に加えて、実験設備が天井と壁を這う

平面図   断面図

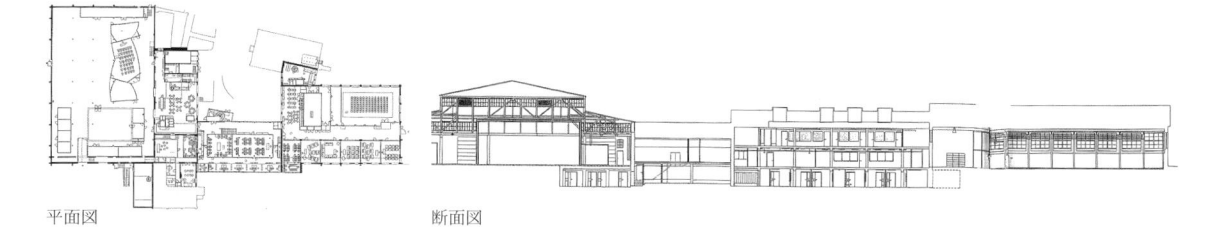

湖側の外観。立面はレンガ造であるが、増築を繰り返したため、表情が異なる建築が連続する

研究室に囲まれたラウンジ。天窓からの自然光が明るい

近年最北端の一画に増築された湖を望む音楽ホールとラウンジ。平面が三角形で、吹抜けのあるダイナミックな空間構成は現代建築そのものである

複数棟のコンバージョン

アボ・アカデミー芸術学部、アルケン
Arken, Humanistiska Fakulteten vid Åbo Akademi

用途 ——— 鉄工所 1856 ▶ 大学キャンパス 2004
設計者 ——— Pekka Mäki
所在地 ——— Turku

1856年G.T.シーヴィッツがトゥルクの歴史地区の一画に鉄工所を建設した。低層棟が複数組み合わされた工場地区である。鉄工所は1952年に廃業し、1997年に転用に関する建築設計競技が実施された。様式、構造、材料が異なる10棟を大学のキャンパスに転用する計画が動き始めたのはこの頃からである。

前庭から見た正面。中央および左棟は旧鉄工所。右棟は新設されたガラス張りの正面エントランス。劇場はその中に新設された

仕上げは異なるが、高さの揃った棟が屈曲してできた中庭は変化に富む。鉄とガラスのブリッジが各棟をつなぐ

断面図

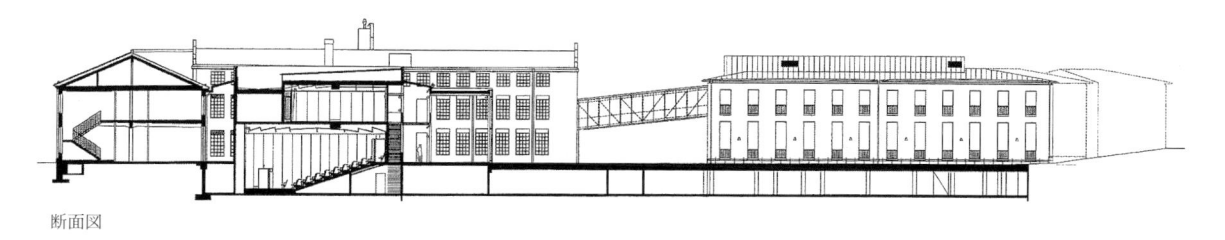

2004年ペッカ・マキによって設計されたアボ・アカデミー芸術学部、アルケンは3棟の新築棟を含む13棟から構成された。全棟が研究室、講義室、図書館、食堂にコンバージョンされ、レベルを調整しながら内部空間を連結したのは回廊、ブリッジ、吹抜けである。すべての棟が低層なため、正面の広々とした前庭と各棟の間に整備されたコンパクトな中庭が均衡しており、豊かな外部空間に囲まれた配置は見事だ。さらに新設された鉄とガラスによる開口部がレンガや漆喰による外壁に馴染み、美しい外観と内観を作り出した。

新築棟のひとつは劇場で、3棟の鉄工所の間に建設された。正面はガラスで仕切られ、エントランス・ロビーとなった。そのため劇場とエントランス・ロビーの周囲にはコンパクトな中庭のような内部空間が広がり、室内であるが戸外のような空間が広がっている。

鉄工所のコンバージョンは内外ともに新たな建築空間を生み出すことに成功した。1棟のみのコンバージョンでは成り立たない。複数の建築が織り成すコンバージョンは建築1棟のそれにはない魅力を生む可能性を秘めている。
[T.M]

鉄工所時代の配置図

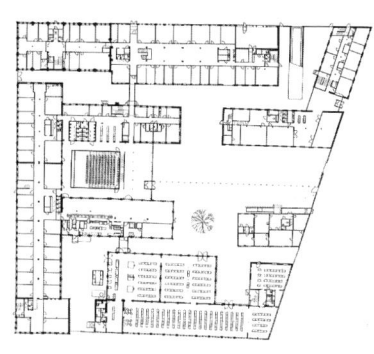

大学キャンパスの配置図

鉄工所のレンガ造壁面と劇場の金属製壁面が対置された外部空間のようなホワイエ

研究室棟のアトリウム。構造体を白色に塗装するだけでなく、旧鉄工所の屋根の小屋組を残しつつ、その上部にガラス屋根が新設された

建築保全と現代建築の挿入

ポップ・アンド・ジャズ音楽学校
Pop & Jazz Konservatorio

用途————ガラス工場 ▶ 大学施設 1995
設計者————Arkkitehdit Tommila Oy
所在地————Helsinki

フィンランドのアラビア工場はヘルシンキ市内の北にある。近年広大な工場群の一部はその役割を終え、段階的に美術、デザイン、音楽からなる国際芸術センターに転用され始めている。ヘルシンキ・ポップ・アンド・ジャズ音楽学校もそのひとつで、工場の一画が増築棟を伴いながらコンバージョンされた。平面がコの字型の工場は19世紀の外壁レンガ造中低層建築を組み合わせたものである。各棟は空調や音響などの今日の建築設備を伴いながら、研究室、リハーサル室、事務室に改修され、外壁レンガ造の建築からは想像のつかないインテリアが展開している。転用計画の最大の課題は増築棟であった。増築されたのは約400席を有する電子音楽専用ホールで、主な立面は2面であった。通り側の立面は音楽ホール特有の屋根形状以外レンガ造の工場建築群と材料や色調を合わせて調和させた。しかし中庭側の立面は大型のガラス面、色彩豊かな鉄骨の構造体、空間が連続するシークエンスなど現代建築特有の要素が採り入れられた。つまり通り沿いの立面と中庭側の立面は全く対照的に構成されたのである。

コンバージョンは増築を伴うことが多く、増築が既存の建築に大きな影響を与えることがある。ヘルシンキ・ポップ・アンド・ジャズ音楽学校は周囲との調和を満たしつつ、新たな建築デザインの挿入にも成功した秀作である。
[T.M]

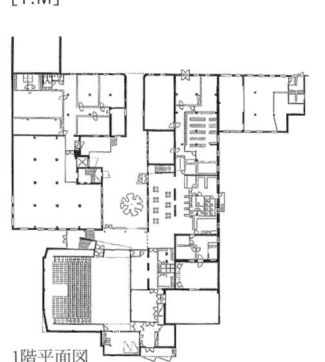

中庭に面したレストラン

建築の外形は異なるが、色調は統一された

外壁レンガ造建築内の廊下。樹脂、金属、ペイントなど現代建築の材料によるインテリアは外観からは想像がつかない

1階平面図

通り側立面図

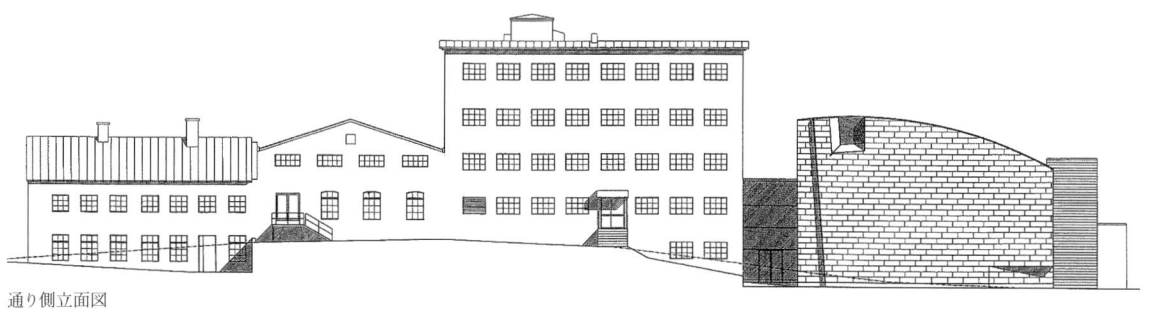

中庭。近代のレンガ造建築と現代のガラス建築は対照的である

吹抜けのあるホワイエ。音楽ホールは2階からアクセスする

地区再生の起爆剤

チェルシー・マーケット
Chelsea Market

用途―――菓子工場[1890] ▶ ショッピングモール[1990]
設計者―――Vandeberg Architects
所在地―――New York

チェルシー・マーケットは、ニューヨークのミッドタウン南東に位置する市街地において、工場から商業施設への転用がなされた近年の代表例である。このチェルシー地区はかつて工場地域として繁栄したが、工場移転や経済不況によって荒廃し、近年1890年に建設されたナビスコの工場を中心とした1街区を占める施設が、チェルシー・マーケットというファッショナブルな店舗とオフィスに転用された。8番街に面する正面では、既存外壁の上に、金属とガラスの庇および緩やかな曲面パターンが付加され、内部では、露出した鉄骨の骨組や配管、劣化したレンガ壁面を露出しつつ産業遺構的雰囲気を残していることが、デザイン上の大きな特色である。

この転用を引き金として、近隣では、ヴィトラのショールーム（142頁）やマリタイム・ホテルなど、次々と転用による施設再生が行われ、地区全体がファッショナブルな人気地区に変化した。ちなみにチェルシー・マーケットと8番街を挟んで斜め向かいに位置するマリタイム・ホテルは、国立海洋協会の居住・医療・娯楽複合施設として建てられたが、その後、家出青年収容所、さらに中国教育基金の宿泊施設を経て、ホテルに転用された例であり、船を連想させる丸窓などの要素は保存して、転用が行われている。これらの一連の事例は、地区規模での都市再生に対するコンバージョンの影響力や有用性を示す好例となっている。[K.K]

正面外観近景。既存外壁の上に、金属とガラスの庇および緩やかな曲面パターンが付加された

内部ショッピングモール内展示コーナーに飾られた、ナビスコ工場時代の写真

8番街に面する正面

内部ショッピングモール。既存のレンガ壁面や配管が露出

8番街を挟んで斜め向かいに位置するマリタイム・ホテル全景

コンバージョンによるウォーターフロント再生

リヴァーイースト・アートセンター
River East Art Center

用途 ──── 物品集配倉庫、展示場[1905] ▶ 飲食、店舗、オフィス複合施設[1990] ▶ アートセンター、オフィス複合施設[2006]
設計者 ── Booth Hansen & Associates
所在地 ── Chicago

シカゴ川北側のミシガン湖に面する地区は、ノース・ピアと呼ばれ、水上輸送の拠点として市民の生活を支えてきた。既存建築は、物品集配のための倉庫および展示場として建てられ、平面約36×27mの7階建て建物（道路沿いでは6階建て）が10棟連なり、長さ270mにもおよぶ長大な建築であった。ノース・ピアはその後、周囲の埋立てや自動車交通への移行によって、寂れたウォーターフロントになったが、1884年に隣接して高層アパート・オフィスの建設が決まり、既存建築は1990年には、3階までが飲食・店舗中心の商業施設、上階がオフィスからなるシティフロント・センターという施設へとコンバージョンされた。その際に、アパート建設とアクセス道路のために計3棟分を削り、約190mの長さとなり、運河沿いでは、既存のレンガ外壁とは対比的な金属主体の増築を行って、運河との空間的連続性を作り出した。その際、内部では、中央の棟の床を抜いて3層吹抜けのアトリウムを設け、既存の木造柱、梁をより顕著に露出し、空間の迫力を増した。この転用された施設の低層部が近年再度コンバージョンされて、画廊やアート関連店舗を中心とするアート集積施設としてのアートセンターに変貌を遂げた。

ウォーターフロントという、水上交通の衰退によって活力を失った場所にとって、コンバージョンは極めて有効な再生手法であろう。ノース・ピアからさらに東側に位置し、今もミシガン湖に突出するネイヴィ・ピアは、海軍の施設をコンバージョンしつつ、増築も行い、店舗・飲食・イベント施設を複合した一大商業娯楽施設を形成している。

[K.K]

施設中央に位置するアトリウム

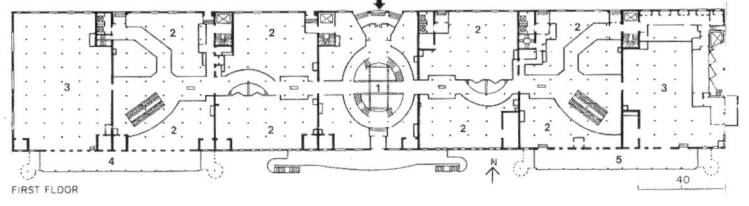

1990年転用時の平面図

運河沿いの全景

既存建築外観(右)と新築の高層建築(左)

道路沿い外観。現在でも、全長が190mに及ぶ

道路レベルのアートギャラリー

近隣のネイヴィ・ピア外観

ネイヴィ・ピア内部

テクノロジーとアートでブラウン・フィールド再生

オーストラリアン・テクノロジー・パーク
Australian Technology Park

用途　　鉄道整備工場[1887]　▶　テクノロジー・パーク[1994]
設計者　New South Wales Government Architect's Office
所在地　Eveleigh

オーストラリアン・テクノロジー・パーク

10両編成程度の列車であれば丸ごと覆う、19世紀末建設のリニアな鉄道整備レーンが合計16基連結した鋸屋根は壮観である。本工場はシドニー中央駅の付帯設備だが、20世紀後半の技術の進歩はそれを不要にした。ただ、シドニー中心部からわずか3kmという至便な立地や、線路や機械類を取り去れば広大な無柱空間を確保できる利点が、21世紀のITやバイオなどのテクノロジー開発ヴェンチャーのためのインキュベーション・センターとして蘇らせた。ただ、注目すべきは、13.9万㎡という敷地規模を活かし、研究施設のみならず住宅やオープン・スペースが整備され、周辺住民にも開放されているという都市性だ。

線路を挟んだ側にある鉄道整備工場はキャリッジ・ワークスという現代舞踏芸術センターに再生されており、テクノロジーとアートでブラウン・フィールドを再生するニュー・サウス・ウェールズ州の戦略が看取できるのである。
[M.T]

内観

マスター・プランによれば、さらに住宅や公園なども整備される

郊外ショッピングモールのアンチテーゼ

ベルシー・ヴィラージュ
Bercy Village

用途　　　ワイン倉庫群[1840,1885] ▶ 露天型ショッピングモール[1998]
設計者　　Denis Valode, Jean Pistre
所在地　　Paris

ベルシー・ヴィラージュ俯瞰

1980年代のパリは政争が都市に刻印された時代であった。大統領フランソワ・ミッテランのグラン・プロジェに対し、パリ市長ジャック・シラクはベルシーのワイン倉庫群の再開発を目論んだが、その矢先の1986年、大統領はその一部のクール・サン・テミリオンを文化財登録して市長の計画に横槍を入れた。市長はそれを逆手に取り、歴史的建造物を保存しつつ内部をショッピングモールに賦活して大統領の挑戦を受けて立った。

30,000㎡もの巨大モールを都市内に平面的に、気候に左右される露天形式で賦活しただけではなく、地下鉄新線の駅も含めて整備してしまうのは、郊外の24時間空調された自動車アクセス型のそれに対する強烈なアンチ・テーゼでもあり、周辺の複合開発で発生したオフィス・ワーカーにより平日昼間も人通りの絶えない様は、脱自動車時代の商業政策への先駆性を示している。この勝負、シラク市長に軍配を挙げてもよいだろう。[M.T]

バックヤードへの増築で不足面積を補完

近隣へのオフィス誘致で平日昼間の客足を確保

地下鉄新線の駅を付帯させ自動車に依存しないショッピングモールを形成

コンバージョンで変貌する精肉街
ヴィトラ・ショールーム
Vitra in New York

用途　　倉庫[1898] ▶ ショールーム[2001]
設計者　Lindy Roy
所在地　New York

1階ショールームの夜景

ニューヨークのチェルシー地区の西南部は、かつてミート・パッキング・ディストリクトと呼ばれ、精肉業関連の倉庫や店舗が建ち並ぶ地区であったが、コンバージョンによって誕生したチェルシー・マーケット(136頁)の成功とともに、ニューヨークの中でも最もファッショナブルな地区に変貌を遂げつつある。家具メーカーのヴィトラは、ニューヨークにおける業務拡大に際して、この地区にある19世紀末に建てられた倉庫に着目し、1階と地下1階をショールームに、2階をショールーム兼仕事場へと転用を行った。道沿いの大きなガラスの嵌め殺し窓は、通常の街中にあってもさほど存在感はないが、倉庫の建ち並ぶ中にあっては、軽快かつ現代的である。道から見える内部は、お洒落なショールームであるが、地下に下りると、鋳鉄の柱をはじめとする構造体が露出して、倉庫として使用されていた姿を想起させる空間となっており、コンバージョンであることをうまく生かしている。[K.K]

地階ショールーム。構造体が露出し倉庫空間を想起させる

地階への階段からの見上げ

公共・商業系建築のコンバージョン

驚異のコンバージョン

マルケッルス劇場
Il Teatro di Marcello

用途 ──── 劇場 紀元前13年頃 ▶ 要塞 中世 ▶ 集合住宅
設計者 ── 不詳
所在地 ── Roma

正面全景。劇場遺構の上階に集合住宅が積層されている

復元地図に見る当初の劇場の姿

パラッツォ・オルシーニの側面が正面へと連続する

集合住宅と化したマルケッルス劇場は、コンバージョンの長い歴史を物語る極めて興味深い例である。この円形劇場は、コロセウム以前に建てられ、中世には要塞として使用されたが、ルネサンス期には隣接して建てられたパラッツォ・オルシーニと一体化し、その後も近年に至るまで改築と修復を繰り返して、現在では集合住宅として使われている。

こうした事例は、あくまでイタリア特有で、現代の一般的コンバージョンの参考にはなり得ないという見方もあろうが、こうしたコンバージョンが存在し得るという事実自体が驚異的であり、刺激的である。構造面の整合性、現行の建築法規での位置付けなど、多くの謎を孕んでいるが、建築とは、このように使い続けていくことができるという深い感慨を与えてくれる点は極めて貴重である。[K.K]

劇場遺構と集合住宅の取合い部

現代建築の積層による調和と変容

ポルティコ(スコッツ教会改築)
Portico, The Scots Church Redevelopment

用途────教会¹⁹³⁰ ▶ 教会、集合住宅²⁰⁰⁵
設計者───Tonkin Zulaikha Greer Architects
所在地───Sydney

スコッツ教会は、シドニー市内に1826年に建築された古い教会である。1926年に地下鉄建設のために一度壊され、1930年に事務所を付帯したゴシック調の6階建ての教会として再生された。当初はシドニー市の高さ制限である45mに近い階高で計画されたが、基金不足や大恐慌の影響で6階建ての低層となった。2001年、民間不動産会社により、教会部分へのアパートメントの増築計画が提案され、シドニー中央区開発審査委員会の承認を得た。既存の教会上部を増築し、20階建ての高層アパートとする斬新なプロジェクトであり、設計はシドニー市内で多くのコンバージョン建築を手がけるトンキン・ズレイカ・グリア(TZG)が担当した。

低層部は教会部の組石のままとし、上階の居住部は近代的なガラスと金属パネルのファサードを多用した鉄骨建築となっている。上階の増設荷重が過大であり、下層の組石部分に構造補強を行っているユニークな改修例である。また上層部は軽量化を図るために構造材の一部には木材が使われている。

低層部分は、教会の集会所等はそのまま残され、一部は居住者のためのエントランス、エレベータ・ホール、居室および商業施設にコンバートされている。居住部は、メゾネット形式が多く採用されている。2層分の居住ユニットが開発され、2階ごとに回廊が設けられており、エレベータもそれに合わせて2階ごとに止まるように設計されている。さらに北に向かって2階ごとに高くなっており、太陽光を均等に摂取できるように配慮されている。

増設部のファサードに用いられたガラスと亜鉛メッキ鋼板からなるパネルは、低層の石材のテクスチャーとよい対比関係にあり、色調も石材に合う無彩色および茶系色が用いられ、新旧の調和をもたらすことに成功している。2層ごとに区切られたファサードも特徴的である。[Y.K]

1930年当時のスコッツ教会

北面のファサード 　集合住宅の1階エントランス 　骨組のイラスト

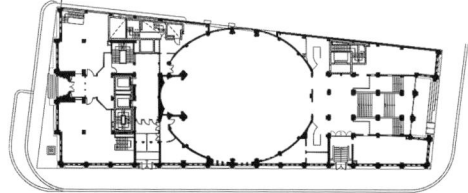

1階平面図 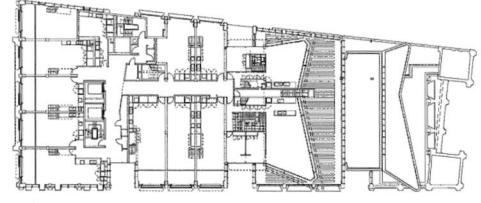　9階平面図

古い石造の教会の上に大胆に鉄骨造の集合住宅が増築されている

集合住宅の居間

コンバージョンによる建築群の再構築
メゾン・シュジェール
Maison Suger

用途　　大学施設 ▶ 宿泊施設[1990]
設計者　Antoine Grumbach
所在地　Paris

1990年アントワーヌ・グリュンバックはパリ大学区本部が利用してきた3棟を外国人研究者用の宿泊施設にコンバージョンした。狭隘道路に面した3棟はパリの文教地区にある中庭型都市建築のひとつである。

3棟では空間構成と建築動線という建築の最も基本的な部分を再構成する必要があった。そのために採用された手法は屋根、動線、開口部からなる新たな棟を複雑に絡み合う3棟の隙間に挿入するというものであった。この挿入された新棟はガラスに覆われた光豊かなエントランス・ロビー、ガラス・ブロックに包まれたアルコーブ、上層階に用意されたテラス等、館内に次々に快適な空間を生み出した。古い街並みを構成しているこうしたパリの都市建築は常々更新されて現在に至っているが、鉄とガラスの新棟の挿入は稀有な試みに違いない。

宿泊施設への転用では建築の近代化と保存が課題となった。鉄骨とガラスによる新棟のみならず、東棟に新設されたエレベータ、新棟にまとめられた水周り、地下倉庫に設置されたコンピュータ室は近代化の一例である。一方石造の建築本体ばかりでなく、通りに面した立面、室内に露出した小屋組、うねりくねった階段室等は徹底的に保存された。したがって正面からは全く想像のつかない空間が広がっており、狭隘道路と異なり大変明るい。

メゾン・シュジェールは既存建築の近代化と保存のバランスを取りつつ、新たな棟を建設することによって、3棟全体を1棟の建築に統御した画期的なコンバージョン建築である。[T.M]

正面。よくあるパリの路地。その奥には想像もつかない奥行きのある明るい空間が広がっている

客室でも小屋組が露出

北側のガラス・ブロックによる立面から客室側に自然光が採り込まれる

3棟にまたがる平面図

アクソメ。新設された建築ヴォリューム

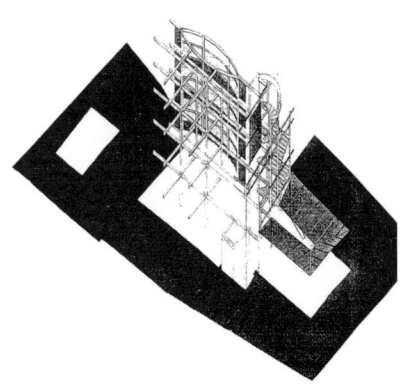

アクソメ。新設された構造体

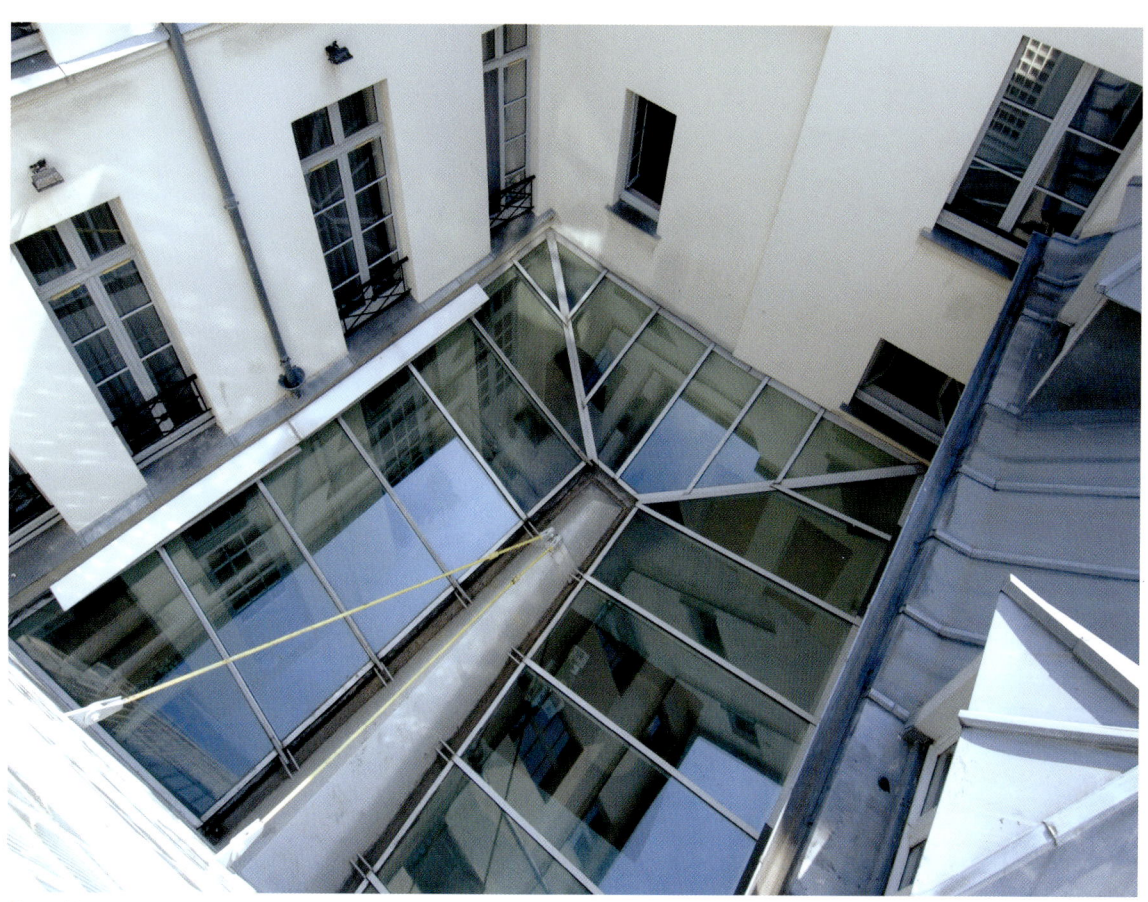

新設の建築ヴォリュームから跳ね出した梁によってエントランス・ロビーのガラスの天井が支えられている

2棟に囲まれた中庭がエントランス・ロビーとなったが、床が白色の石張りのため、天窓からの自然光が反射して非常に明るく快適である

住居・事務所系建築 / 産業系建築 / 公共・商業系建築

巨匠建築の転用再生

ヴァン・アレン・アパート
Van Allen Apartments

用途	小売店舗[1914] ▶ 賃貸住宅[2003]
設計者	CHI Inc.（デベロッパー）
所在地	Clinton

アイオワ州の小都市クリントンの中心部に建つヴァン・アレン・ストアは、アメリカ近代建築の巨匠ルイス・サリヴァン晩年の商業建築作品である。20年にわたり廃虚となっていたが、1993年より保存運動が開始され、2003年に修復・改築が終了、低所得者用賃貸集合住宅として再利用されることとなった。

元は販売スペースであった上階は、住戸を挿入するため大幅な改築がなされた。最も特徴的なのは、3階から屋根までの中央1グリッド分のスラブを抜いて作られた、トップライト付きの吹抜けである。この吹抜けを中心に、約8mスパンの既存建物のスケールが生かされた計19の住戸が配置された。吹抜け直下の2階部分は、コモンスペースとしてアパート全体の共用リビングのような設えがなされ、親密さと開放感が相まった、心地のよいスケールの空間が生まれている。共用廊下から室内まで淡いグレーのじゅうたんが敷かれ、壁のクリーム色と相まって、全体として柔らかで暖かみのあるインテリアとなっている。建物内部は上下足ともに許容されており、住人は皆靴下で歩き回り、くつろいでいた。

外観は変更されず、丁寧な修復がなされている。南東の角地に建ち、規模、プロポーションも街のスケールに合っており、サリヴァン晩年の植物装飾も愛らしい。1階のファーマシーは市民が気軽に挨拶を交わしあう憩いの場ともなっており、小さな街のランドマークとして愛されていることが伝わってきた。[T.S]

ヴァン・アレン・アパート外観。レンガとテラコッタの外装は丁寧に修復された

吹抜け見上げ。新たに設けられたトップライトからの明るい光が共用空間を満たす

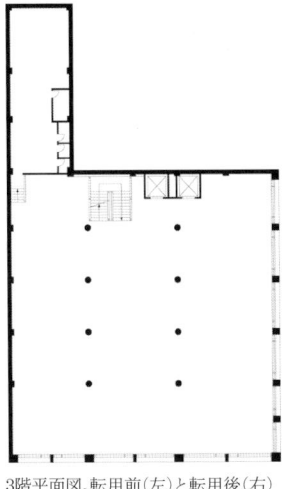

3階平面図。転用前（左）と転用後（右）

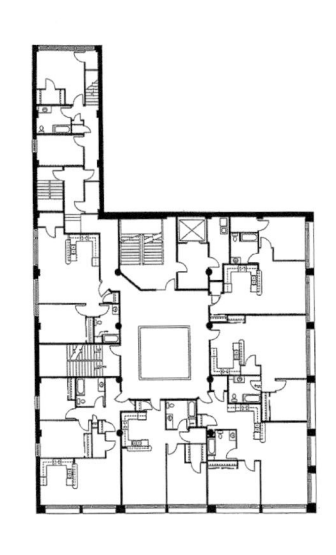

ITALY / FRANCE / GERMANY / FINLAND / U.S.A. / AUSTRALIA

トップライト見上げ

クリントン市街にある壁画。中央にヴァン・アレン・アパートの絵が見える

1階ファーマシー。床の仕上げは既存のままで、当時のショーケースのレイアウトがわかる

3階共用廊下

2階吹抜け下コモンスペース。親密さと開放感が相まった居心地のよい空間

甦ったシンボル

フェリー・ビルディング
The Ferry Building

用途──────フェリー・ターミナル[1898] ▶ 乗船所、市場、レンタルオフィス[2003]
設計者────Simon Martin-Vegue Winkelstein Moris
所在地────San Francisco

身廊は天窓付きの吹抜け、側廊は賃貸オフィスとマーケットとして利用されている

1898年フェリー・ターミナルが港湾地域の中心に建設された。ボザール流の建築は地上3階建てであり、中心に戴く約75mの時計塔は地域のシンボルとなった。上階が事務所として利用され始めたのは1950年代から60年代にかけてだという。1957年高架の高速道路が前面に建設されたため、市街地と港湾地域が分断されるとともに、全長約200mのファサードと塔はすべて隠蔽された。

1989年高架橋がロマプリエタ大地震によって倒壊すると、再び現れたファサードを前に歴史的建造物の重要性が再認識され、1998年フェリー・ターミナルの再建に向けた設計競技が実施された。再建の狙いは建築と水辺を公共に取り戻すことに定められ、保存修復と構造補強が実施された。歴史的建造物の指定を受けた建築は細部にまで保存が求められたが、屋根トラスの補強、耐震壁の付加、2階床スラブの撤去などの大規模な工事が実施され、2003年にフェリー・ターミナルは乗船所、賃貸オフィスに1階のマーケットを加えた複合施設に甦った。集荷場からコンバージョンされたマーケットと2階の賃貸オフィスは天窓を有する長大で象徴的な吹抜けを介してつながった。内外の象徴性はフェリー・ビルディングの価値を高めるとともに、周囲の埠頭施設の再生を促し、ウォーターフロント全体のコンバージョンに発展しつつある。[T.M]

高架の高速道路によって市街地から隠蔽されたフェリー・ターミナルと港湾地域

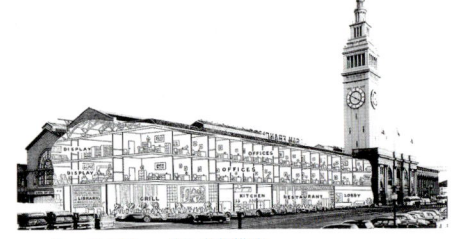

コンバージョン前の立面図

フェリー・ビルディングの内部構成

コンバージョン前の身廊　　　2階のオフィス、ショールーム　　　再生されはじめた周辺の埠頭施設

身廊。1階には日用品を取り扱うマーケットが、2階には賃貸オフィスが展開する

シンボルの開放

ポスト・オフィス・パヴィリオン
The Pavilion

用途 ──── 郵便局[1898] ▶ ショッピングモール[1982]
設計者 ── 不詳
所在地 ── Washington D.C.

　ワシントンD.C.中心部にH.H.リチャードソン風ロマネスク様式の郵便局がウィロビー・J.エドブルークによって建設されたのは1898年のことである。正面はシンメトリーであり、屋上の時計台が象徴的である。1934年までアメリカの郵政局の本部として利用された後、連邦政府の庁舎に転用され、1956年にその役を終えた。しかし近年中層部と高層部の執務空間を残しつつ、低層部を商業空間にコンバージョンすることによって、100年以上を経たモニュメントが再び歴史ある街のシンボルとして甦った。ポスト・オフィス・パヴィリオンは連邦政府庁舎再利用の魁となった。中央の吹抜けは商業空間とオフィス空間を貫き、巨大な天井が鉄とガラスによって構成されたため、多量の自然光が注ぎ込み大変明るい。このガラス屋根は元と同じ状態に新たに架け直されたものである。また現在見事な鉄骨造による屋根の架構のみが保存され、地下1階から1階への階段が取り付けられている部分は元々郵便物の荷分け室であった。地下1階から地上2階に新設されたフードコートとショッピングモールは屋根が取り除かれて戸外のような開放的な空間となり、建築に囲われた中庭のようで心地よい。

　時計台の頂部に設置された合計10個の鐘は1976年のアメリカ合衆国建国200周年を記念してイギリスから送られたものである。ここから鳴り響くD長調の音色はポスト・オフィス・パヴィリオンの再生を告げている。[S.S]

外観

最上階より地階を見下ろす

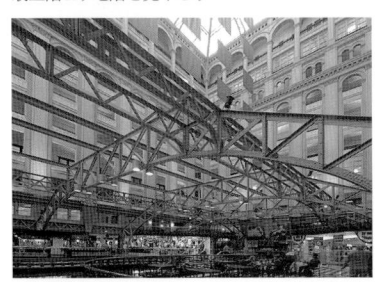

フードコートの架構

フードコートの階段

フードコートより吹抜けを見上げる

内に秘めた象徴性の発掘

ジャン＝ポール・ゴルチエ本社屋
Siège Social du Groupe Jean-Paul Gaultier

用途　　　組合本部[1912] ► モード本社[2004]
設計者　　Alain Moatti, Henri Rivière
所在地　　Paris

1912年建築家ベルナール＝ガブリエル・ベレスタによって設計された共済組合本部は無残にも荒れ果てていた。2004年7月ジャン＝ポール・ゴルチエはこの廃墟を買い取り、全面改修を施して本社屋とすることを試みた。

旧共済組合本部は間口が狭く、奥行きの深い建築である。また両側も建物が密接している。そのため自然採光が非常に乏しい。しかし1階の天井高が高いため、細長い中庭に面してガラスの大型扉を取り付け、採光と通風を確保した。さらに鉄骨造の床スラブが挿入され、事務室とサロンが増設された。

ショールームは元は集会場であった。そのため大空間のホワイエが前面ファサードに面して併設され、1階と2階が全く対照的な空間となった。建設当時の装飾を纏ったショールームはホワイエも含めて全長60m、全幅14m、高さ11mを誇り、3箇所の天窓から自然光が注ぎ込む。両側面の天窓と対をなす擬似の開口部は写真や映像などを映し出すためのスクリーンとなり、ホール両側のギャラリーは黒く美しい手すりに象られ、ショーの際の客席となる。また床には壁や天井とは対照的に艶のある黒色が選ばれた。こうした近代初期の建築の魅力を生かした本社屋はその象徴性がトレードマークとなった。

ジャン＝ポール・ゴルチエ本社屋はコンバージョンによって建築プログラムの要求と機能を満たすばかりでなく、一度廃墟となった閉鎖的な建築の内部に、独特な美感が表現されている。
[T.M]

シンメトリーの正面。20世紀初頭の特徴が装飾のみならず、立面の上部の形状に現れている

ショールーム。20世紀初頭の建築の魅力が生かされている

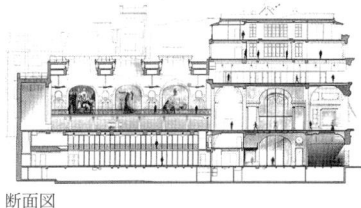

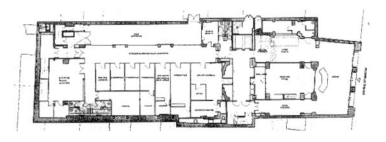

断面図

1階平面図

建築史の地層

ローマ国立博物館（ディオクレティアヌスの浴場）
Museo Nazionale Romano（Termi di Diocleziano）

用途────古代ローマ浴場[4世紀頭] ▶ 教会[16世紀] ▶ 修道院増築[17世紀] ▶ 博物館[1981]
設計者───Giovanni Bulian[オクタゴン・ホール]，他
所在地───Roma

ディオクレティアヌスの浴場は現在に至るまで増築・改築がなされ続け、ローマの歴史性を象徴する建築として、テルミニ駅に面し現在もその偉容を留めている。浴場の中心であった中央広間は、1560年代にミケランジェロの手により教会として改築され、建築史に残るコンバージョン事例として著名である。1981年に浴場全体がローマ国立博物館として改築され、まさにそれ自体がローマ美術の壮大な歴史を堆積する地層として、鑑賞の用に供されている。

17世紀末に増築された中庭型の修道院は、現在は博物館の中心的な展示室群となっている。礼拝堂として使われていた大空間には長辺方向に2本のブリッジが大胆に架けられ、鑑賞動線における焦点としてのダイナミックな空間となっている。中庭とそれに面する柱廊には、ほとんどぞんざいに古代の遺物が置かれ、廃墟的な風情によってロマンティックな情景が演出されている。

現在は道路によって本体と隔てられたオクタゴン・ホールは、最新の改築事例として注目に値する。既存躯体は矩形の外観、八角形平面に天窓をもつドームを戴く巨大な内部空間をもつ。博物館のアネックスとして改築されるにあたり、内部に入れ子状にメッシュのドームが挿入された。巨大な内部空間に対し、そのおおらかさを損なうことなく展示スペースのスケールを小さくするというコンセプトは極めて単純明快である。メッシュのデザインはジオデシック状で現代的ではあるが、支柱には柱頭・柱礎が施されており、既存に対して対比的でも調和的でもある、複雑な効果を出している。素材はすべて黒く塗装されたスチールであり、既存の威厳ある廃墟然としたレンガとの調和が図られている。

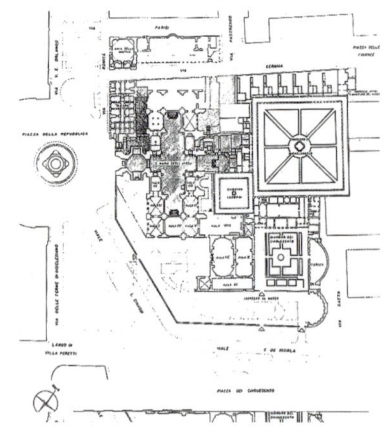

古代から、ルネサンス、そして現代へ。かつての強烈なメガロマニアは、常に時代の感性を採り込み、その魅力と存在感を増大させていく。[T.S]

ローマ国立博物館（ディオクレティアヌスの浴場）全体配置図

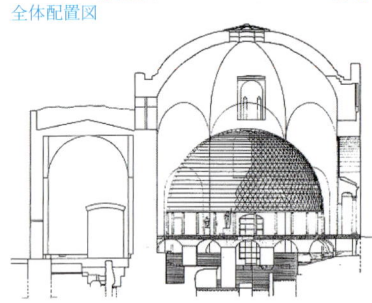

オクタゴン・ホール断面図

展示室。礼拝堂であった大空間に2本のブリッジが架けられている

回廊上部の展示室。リズミカルな矩形と楕円の開口部はそのまま利用されている

美術館回廊。壁面側に雑然と古代の遺物が置かれている

オクタゴン・ホール外観

ディオクレティアヌスの浴場外観

サンタ・マリア・デッリ・アンジェリ教会外観

オクタゴン・ホール内部。ドームの躯体に入れ子のようにジオデシック・メッシュの天蓋が挿入されている

動線計画の転換
アジア美術館
Asian Art Museum

用途━━━図書館[1917] ▶ 美術館[2003]
設計者━━Gae Aulenti
所在地━━San Francisco

1906年サンフランシスコ大震災の復興計画に基づいて、1917年サンフランシスコ市民図書館が竣工した。設計者は1913年の建築設計競技で選出されたジョージ・W.ケルハムである。図書館はボザール流の様式建築であり、アメリカ近代初期の典型的な図書館建築に倣って設計された。E字型の平面は正面および右翼が閲覧室、左翼が書庫、ロッジアに導かれる中央ホールが目録検索室によって構成され、来館者の動線が定められていた。

図書館建築は1989年ロマプリエタ大地震によって大きな被害を受けた。その中でもふたつの中庭側外壁の被害が甚大であったと言う。図書館建築が震災復興に基づきアジア美術館にコンバージョンされたのは2003年のことである。設計者はオルセー美術館で実績のあるガエ・アウレンティで、コンバージョンの特徴は得意の動線計画の変更である。美術館は鑑賞動線とともに、収蔵庫から展示室へのサービス動線も必要となるため、図書館建築とは明らかに異なる計画が求められた。

ガエ・アウレンティの解決策は閲覧室を展示室に、左翼を研究室に転用しつつ、地下階にすべての収蔵庫を新設することであった。その結果1階はアトリウムに転用されたふたつの旧中庭とともにほぼすべてが開放された市民施設となり、さらに装飾が見事なホールとロッジアは完全に保存された。そのため館内に多くのゆとりある豊かな空間が生まれたのである。また外壁のみならず展示室の装飾の細部まで再現する一方、大きなガラス面や緑の鉄骨を見せるなど、大胆な現代建築の要素も採り入れられ、新旧のデザインが混在している。

アジア美術館は美術館の新たな動線計画とアトリウムを中心とする空間構成が巧妙に検討された秀作である。このゆとりある美術館では後方にさらなる拡張計画があると言う。[T.M]

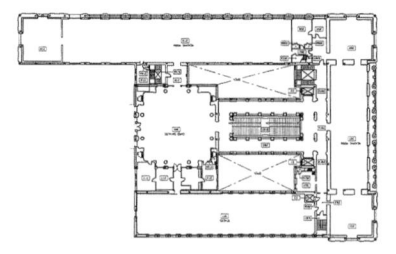

コンバージョン前の2階平面図

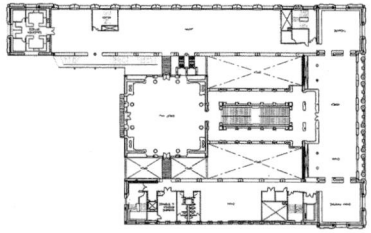

コンバージョン後の2階平面図。両翼端部に縦動線等が増設された

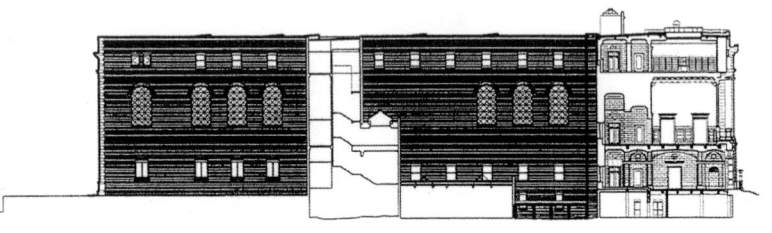

コンバージョン前の断面図

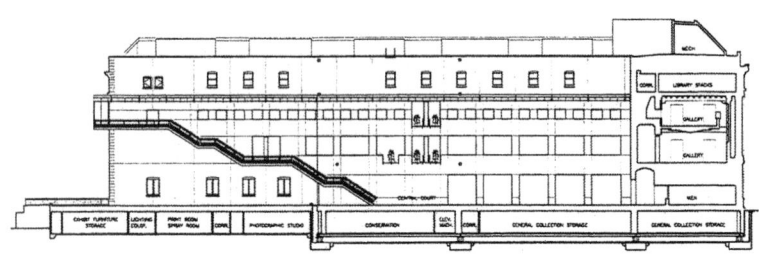

コンバージョン後の断面図。閲覧室には新たな床スラブが挿入された。また地下階の拡張とアトリウム、エスカレータが外観のアクセントとなっている

閲覧室内の外壁に設けられた開口部は展示のために封鎖されたが、その形状は示されている

目録検索室であったホール。建築そのものが鑑賞の対象となっている

市民施設に開放された旧中庭は、外壁からは想像のつかない現代建築のアトリウムにコンバージョンされた

正面および南側立面

アトリウム内を突き進むエスカレータによって閲覧室に導かれる

保存されたロッジア。装飾を伴った古典主義建築の内部空間と両側の白のアトリウムは全く対照的である

歴史性の尊重と現代性の付加

ギャルリー・ジュ・ド・ポム
Galerie Jeu de Paume

用途　　球戯場[1861] ► 展示施設 ► 美術館[1991]
設計者　Antoine Stinco
所在地　Paris

1861年建築家H.ヴィローはテニスの原型とされるJeu de Paumeのための球戯場を建設した。全長80m、全幅13mを誇る球戯場は、ペディメント、オーダー、装飾を有する様式建築である。1909年から展覧会が開催されるようになり、ピカソ、ダリ、藤田らの外国人画家の作品が展示されたと言う。球戯場が美術館にコンバージョンされ、1958年には館内に自然光を採り入れる工事が実施された。閉館は1986年である。

1991年アントワーヌ・スタンコは建築の歴史性の尊重と現代建築の特徴の付加という方針のもと、新たな美術館に改修した。2点の設計方針は建築の内外にはっきりと表現された。歴史性の尊重は近代初期特有の様式建築が有する立面の保存であり、大型の開口部を外壁の内側に設置するなどの工夫に見られる。一方、現代建築の特徴の付加はシークエンスを採り入れた空間構成に現れた。大空間のエントランスから斜めに切り込む展示室へのアプローチ、細長く続く吹抜けに張り出したヴォリューム、白一色にまとめられた内部空間、これらは現代建築そのものである。様式建築はこれまで装飾を伴いながら、その様式に応じたインテリアに保存・修繕されるものと考えられてきた。しかしギャルリー・ジュ・ド・ポムはこうした通念をくつがえした。なぜならば強固な様式建築はコンバージョンによる現代建築の挿入も許容できることを示したからである。[T.M]

新古典主義建築風のオーダーに支えられたペディメントを有する正面

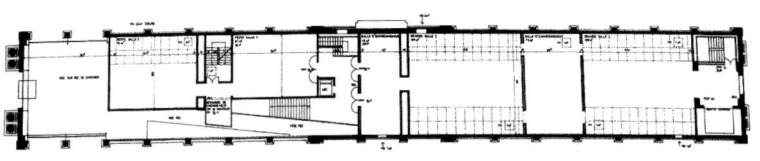

1階平面図。エントランスから順に展示室へつながる

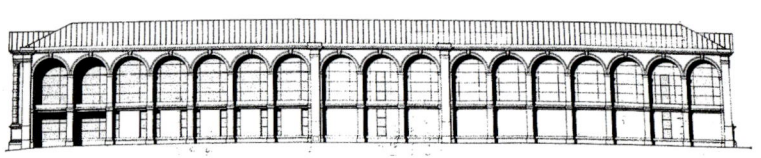

連続する大型の開口部は多量の光を採り込むために設置された

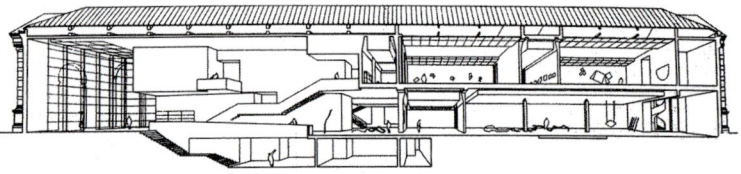

大型の開口部を設置し立面の保存には細心の注意が払われている

計画案の断面図。宙に浮いたヴォリュームなど現代建築のデザインが挿入された

斜めに切り込む階段、天井から吊り下がるヴォリューム、白色にまとめられた室内は現代建築そのもの

プラットホーム大架構の下の距離感

ハンブルク駅現代美術館
Hamburger Bahnhof Museum für Gegenwart

用途	駅舎[1847] ▶ オフィス、駅員住居[1884] ▶ 鉄道博物館[1906] ▶ 現代美術館[1996]
設計者	Josef Paul Kleinhues
所在地	Berlin

駅舎当時の架構を残した中央展示室。大きな彫刻作品が無造作に置かれる

かつて長距離移動の起点として賑わった駅舎は、落ち着いた通り沿いに位置している。建物内部では、入ってすぐのチケットカウンターからかつてのプラットホーム部分の大架構の空間に置かれた大きな展示物が見える。この空間こそがこの美術館のシークエンスにおける最大のハイライトであり、かつて駅舎だった頃の空間特性を感じることができる唯一の場所である。

中央の大空間に付属する両側のヴォリュームは絵画を中心とした展示スペースとなっている。この空間は、駅舎機能を終えてからの増築部分である。この空間も、中央の展示空間と同じく天井高の高い空間であるが、ヴォールト天井と曇りガラスのトップライトをもち、切妻屋根と透明ガラスによるトップライトの中央展示空間と雰囲気が異なる。2種類の展示空間はそれぞれ絵画と彫刻という展示内容の違いと対応しており、中央展示空間がもつ架構の軽快なリズムは、空の色や周りの風景を見ながら、大きな彫刻の周りを動きまわる鑑賞スタイルに適している。一方、ヴォールト天井のトップライトから落ちるやさしい安定した光は、1枚1枚の絵の前で落ち着いて鑑賞するスタイルに適している。この美術館は、第二次世界大戦で大きな損害を受け大半が新たに改修されたため、空間のもつ歴史性を感じる部分は少ないが、巨大な空間の気積は現代美術の自由な鑑賞スタイルを許容する。従来の均質な展示空間には収まらない現代美術の作品にふさわしい距離感がプラットホームの大架構の下に見付かった。
[Y.T]

アプローチ全景

1865年の駅舎裏側

重厚さと淡白さが混在した不思議な美術館
P.S.1 現代美術館
P.S.1 Contemporary Art Center

用途————小学校 ▶ 美術館[1997]
設計者———Frederick Fisher & Partners
所在地———Long Island City

中庭奥に位置するメイン・エントランス。新設ゲートから外部展示を通り抜けてアプローチする

ニューヨークの東近郊に立地する公立小学校が、1960年代に生徒数の減少で廃校になった。IAUR(The Institute of Art and Urban Resources)という芸術普及団体が、1976年に学校を入手して展示・制作の場とし、1990年代には、内部の床の一部を抜いた天井の高い展示空間やコンクリート壁で囲まれた外部展示空間の整備等を含む、美術館への本格的なコンバージョンを行った。道路沿いのロマネスク様式調外観は、現代の眼から見ると小学校らしからぬ不思議な重厚さを備えており、そこに付加された外部展示空間を抜ける中庭からのアプローチの軽妙な空間的仕組みとの共存が興味深い。学校の平面形を踏襲した質素な内部展示空間は、美術館としての作り込まれた空間の魅力を欠くが、様々なインスタレーションやイベントの企画展示主体の美術館であることを考えれば、建築自体を、こうした質素で淡白な空間へと抑制することは適切だったと言えるだろう。[K.K]

街路側のロマネスク様式調の外観

新設された現在のエントランス・ゲート

小学校の記憶を残す、質素なエントランス・ホール

聖なる身廊空間と子供の遊び場家具の共存

マハミット子供体験博物館
MACHmit Kindermuseum

用途　　教会¹⁹¹⁰ ▶ 子供体験博物館²⁰⁰²
設計者　Klaus Block
所在地　Berlin

巨大な箱型の家具の側面の段状の床は、子供にとって格好の遊び場を形成

ベルリン市街地から北西に位置する集合住宅地区に建つ教会が、信者の減少に伴う財政難で、建物の維持管理すらも困難となったが、子供の施設を作ることを希望した地元のコミュニティが、教会の建物を75年間定借し、公の基金を用いて子供体験博物館に転用するという珍しいコンバージョンを実現した。その際、教会の建築自体は変えずに、高い天井高の身廊空間に床を挿入して、1階を展示空間とし、2階に子供の遊び場のための立体的な巨大な家具のような細長いヴォリュームを挿入した。このヴォリュームは、祭壇への軸線を強調する形に、スリット状の空間を挟んで、ふたつに分けて作られている。スリット上には、ふたつの箱を行き来するブリッジが設けられ、側廊に面した側面では、子供のスケールに合わせた段状の床が、子供にとって格好の遊び場を形成する。高い天井高の伝統的な身廊空間と、その中に挿入された特徴的な箱との対比は、極めてユニークである。[K.K]

ふたつの箱は、祭壇への軸線を強調しつつ、ブリッジでつながれている

既存エリアス教会外観。周辺には4〜5階の集合住宅が建ち並ぶ

ガラス・ヴォリュームによるファサードの刷新

ハンブルク芸術協会
Kunstverein in Hamburg

用途————市場^{1917} ▶ 美術館、アカデミー
設計者———Osward Matthias Ungers
所在地———Hamburg

ガラス・ボックスが付加された南面ファサード

ハンブルク芸術協会は中央駅に隣接した中心市街地にあり、交通量の多い2本の幹線道路の交差点に面している。元は1917年から1951年にかけて市場として使用された建築であり、芸術協会に加えて芸術同業者連盟や美術学校が利用する施設にコンバージョンされた。下層階は美術館、上層階が芸術学校として利用されている。

美術館のエントランスは鉄骨とガラスによって増築された。正面のガラスのファサードは写真や絵画が掲示されるキャンバスとなり、広告板として機能しつつ、都市に対する新たなファサードとなった。そのため美術館のエントランス・ホールはガラスによる増築棟の脇に設けられた。

内部空間は白色を中心とした淡色系にまとめられた。特にギャラリーは鉄骨造の柱が剥き出しで、壁とともに白色の塗装が施されただけである。しかし広々とした空間は2面の大型窓から自然光が射し込み開放的で明るいギャラリーとなった。

また建物の裏手にある円筒形ヴォリュームはパンチングメタルによって覆われており、上階の美術学校へのアクセスとして使われている。

既存の建築に過剰な増改築をすることなくガラス・ヴォリュームによってイメージを見事に刷新した本事例は、既存本来の魅力を引き立たせる手法の好例と言えるだろう。[S.K]

天井の高い、白に統一された展示室

エントランス・ホール

美術学校へのアクセスとなる階段室

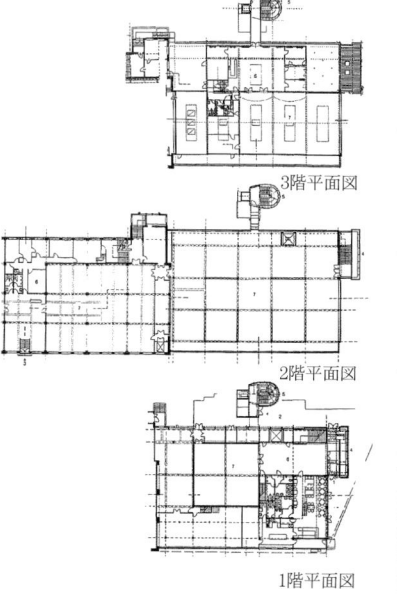

3階平面図

2階平面図

1階平面図

新たな鉄のインテリア

パヴィヨン・ド・ラルスナル
Pavillon de l'Arsenal

用途　　美術館[1878] ▶ パスタ工場、飲食店、資料庫 ▶ 展示施設[2001]
設計者　Philippe Simon
所在地　Paris

1878年にローラン゠ルイ・ボルニッシュは自らのコレクションである約2,000点の絵画を市民に公開するために、建築家クレマンに依頼して美術館を建設した。施主の死後、美術館はパスタ工場となり、その後飲食店、レストランと転々とした。1922年サマリテーヌ百貨店が購入し、1931年に既製服のアトリエを開業したが、1954年にパリ市に転売され、旧美術館はその後パリ市の資料庫として利用された。

1988年パリ市は旧美術館を展示施設、図書館、事務所からなるパヴィヨン・ド・ラルスナルにコンバージョンするため、ライヘン・エ・ロベールに設計を委ねた。パヴィヨン・ド・ラルスナルは2階建てであり、モルラン大通り側に19世紀末特有の石造の立面を有しているが、展示室の中央に大きな吹抜けと天窓のある近代初期の代表的な鉄骨造建築のひとつである。1階の天井高は抑えられている一方、2階の天井高は非常に高い。そのため内部空間と開口部は展示施設にとって有益であることは今日に至っても変わらなかった。2001年のフィリップ・シモンによる改修もその特徴を生かしたものである。1階の展示室の床・壁・天井が1枚の鉄板で包み込まれ、内部空間に現れた鉄骨造の構造体の印象がよりいっそう強調された。この大胆な建築操作は延床面積3,330㎡のうち、1,200㎡に及ぶ。

パヴィヨン・ド・ラルスナルは近代初期の鉄骨造建築の魅力をさらに強調するために、内部空間に鉄の皮膜を展開することによって、鉄の印象や感触を建築に浸透させるという、新たなインテリア・デザインの可能性を試みた秀作である。[T.M]

モルラン大通り側の石造の立面

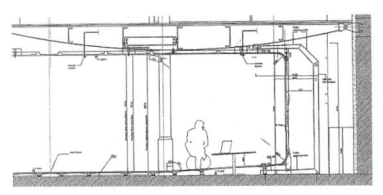

断面詳細図。壁・床・天井が1枚の鉄板によって包み込まれている

平面図

大きな吹抜けが1階の中央に設けられている

ヴォールトは鉄とガラスによって構成されており、日除けによって自然光が調整されている

1階の天井高は壁・床・天井を包み込む鉄板によって極力抑えられた。そのため1階の天井高と2階の天井高の違いが対比され、異なるふたつの空間構成は効果的である

外観を保持し、内部を大改造

ニューヨーク・パブリック・ライブラリー SIBL
The New York Public Library, The Science, Industry and Business Library

用途̶̶̶̶百貨店[1906] ▶ 図書館[1996]
設計者̶̶̶Gwathmey Siegel & Associates Architetcts
所在地̶̶̶New York

エントランス・ロビー

外観

ニューヨーク・パブリック・ライブラリーSIBLは科学、産業、ビジネスを専門とする分館のひとつであり、エンパイア・ステート・ビルの斜め向かいに位置する。館内は古典主義建築の図書館のように厳かではなく、コンピュータが配列されたインテリアは現代建築のデザインによるものだ。元は1906年竣工の百貨店であり、通りに面する石造のファサードと1階のショーウィンドウは保存することが求められた。閲覧室は1階と地下1階にあり、エントランス・ロビーの地下階を見下ろす吹抜けはファサードに面しているため、自然光とマディソン街の都市景観を採り込み、外部空間のように心地よい。

注目すべき点はふたつある。ひとつは2階から4階にわたる書庫である。百貨店の高い階高は書庫には必要ないため、百貨店の3階および4階の床スラブを撤去して、書庫に適切な高さの床スラブを新設した。一方書庫の周囲に設けられたオフィスは、百貨店の余裕のある階高が確保されたため快適である。もうひとつは地下階の閲覧室・検索室・コンピュータ研修室である。地下1階に設けられた閲覧室が奥行き約10mほど歩道の下部にまで拡張されたのである。これは柱や耐力壁は増加するが、大都市における貴重な床面積を拡張する合理的な手法と言えよう。

商品の販売に必要な百貨店の空間と情報を提供する図書館の空間は明らかに異なる。ニューヨーク・パブリック・ライブラリーSIBLは外観に変更を加えることなく、内部空間を大幅に改造することによって適切な空間を確保した秀逸な建築コンバージョンである。
[S.S]

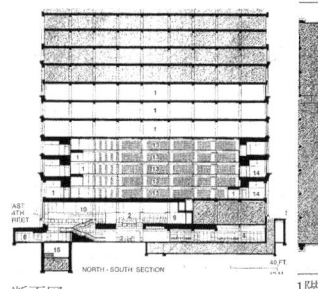

断面図 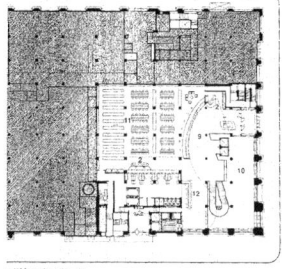 1階平面図 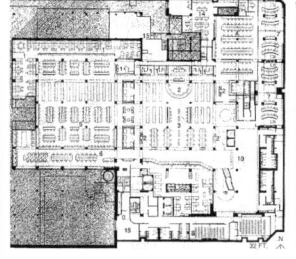 地下階平面図 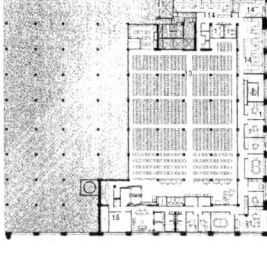 書庫階平面図

1階と地下階をつなぐ吹抜け

1階閲覧室

書庫階と隣り合うオフィスの変則的な天井高

歩道下に掘り込まれたコンピュータルーム

コンバージョンで拡張する大学

ニューヨーク市立大学バルーク・カレッジ図書館およびテクノロジー・センター
Library and Technological Center, Baruch College, New York City University

用途────路面電車操車場、事務所[1890年代] ▶ 大学図書館およびテクノロジー・センター[1997]
設計者───Davis, Brody & Associates
所在地───New York

1890年代に建設された路面電車操車駅を、ニューヨーク市立大学の1校であるバルーク・カレッジが買い取り、その6階までを図書館に、さらに上階をテクノロジー・センターにコンバージョンした事例である。既存建築は鋳鉄を用いた鉄骨構造であり、1880年代から20世紀初頭のニューヨークにおいて流行したイタリア・ルネサンス様式であるが、そのデザインは、路面電車操車駅としては極めて質が高い。外観に関しては、州の歴史建造物であったため、基本的には保存手法が採られた。内部では、既存の外部吹抜け空間（その足元に、直径約10.5mの蒸気式回転台が設置されていた）を伴ったロの字型平面を生かし、その最上階にはガラスの大屋根と1階分の増築を行い、外部吹抜けを図書館のアトリウムへと内部空間化している。また、操車場であった1階の高い天井の空間には新2階床を設け、アトリウム足元の階としてそこを図書館の受付ホールとするなど、全体として大掛かりで大胆な刷新がなされている。アトリウム内部仕上げでは、桜材パネルのもつ重厚さ、新設階段のガラスブロック壁、上部3階の白のインテリアなどの対比も効果的である。

マンハッタンのミッドタウン周辺部に位置するバルーク・カレッジは、まとまったキャンパスをもたないため、校舎増に際して周辺の建物を買い取り、主にコンバージョンによって施設を増やしている。都市大学の場合、こうしたコンバージョンが有効に機能することを示す好例である。[K.K]

外観全景。1階アーチから路面電車が出入りした

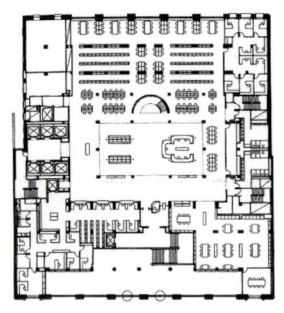

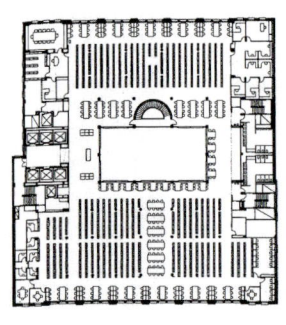

転用後平面図。2階（左）、4階（右）

内部アトリウム足元。この図書館受付階の床は、転用時に新設されている

かつては外部中庭であった内部アトリウムを見下ろす。図書館部分は桜材パネル仕上げ、テクノロジー・センターは白く仕上げられている

中庭への増殖
アンブロシアーナ・ギャラリー
La Pinacoteca Ambrosiana

用途━━━図書館、教会 ► 図書館、教会、ギャラリー
設計者━━Ernesto Griffini, Dario Montagni
所在地━━Milano

17世紀初頭に建てられた図書館にふたつの教会が増築・連結され、その後幾度も修復工事が行われた。特徴的なのは中庭の扱われ方である。図書館の蔵書数の増加に伴い、教会を含め当初存在した四つの中庭のうち、三つを順次透光性のある屋根を架けて室内化し、2層分の天井高をもつ閲覧室として使用している。またその閲覧室を取り巻くように展示品が配され、教会の回廊部分は展示ギャラリーへとコンバージョンされた。
この場当たり的とも言える増改築とコンバージョン、ルーズフィットな建築の作り方は、求められる要求に対する柔軟な対応を可能にしている。用途やビルディングタイプ、さらには内部外部の境界を曖昧にしていくというこの事例は、コンバージョン手法としてのひとつの可能性を示しているように感じられる。[S.C]

南面外観

唯一残っている中庭。時代の異なる建物が連結している

室内化された中庭の閲覧室

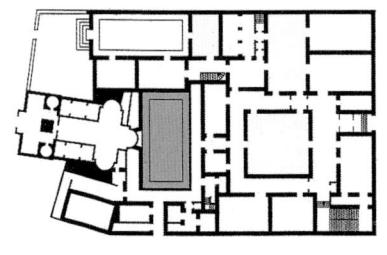

平面図。四つのうち三つの中庭が室内化されている

駅舎の大空間を活用

フィラデルフィア・コンベンション・センター
Philadelphia Convention Center

用途————駅舎[1929] ▶ 会議場[2000]
設計者———Thompson, Ventulett, Stainback & Associates
所在地———Philadelphia

12丁目通りから見る外観

アメリカ国内の長距離移動手段は鉄道から航空機に移り変わった。そのため都市の中央駅はその役を終え、新たな用途にコンバージョンされることが求められている。フィラデルフィア・コンベンション・センターもそのひとつで、街の中心部にある1929年竣工の終着駅舎が国際会議場にコンバージョンされたものである。終着駅舎は大空間を有しているため、会議場に転用するには適した建築であり、大都市の中心部という地の利も申し分ない。

同駅舎のもうひとつの魅力は屋根にある。これは現存するものの中で、世界で最も古いシングルスパンアーチ構造による屋根である。ゆえにこの巨大な屋根の架構を生かした改修工事が実施され、それは改修としてはフィラデルフィア最大規模の建築工事になった。大小の展示室、催し物施設、大規模な宴会場からなる館内は周囲のホテル、レストラン、店舗、駐車場などとブリッジで連結され、複数のイベントや催し物に対応できる都市中心部の一大拠点施設に生まれ変わった。この成功は西側への増築計画を喚起させ、現在建設中である。

大都市の中心部では建築1棟のコンバージョンでは十分ではない。フィラデルフィア・コンベンション・センターは周囲の都市施設と連携したコンバージョンによって、新たな街の中心に生まれ変わった。[S.S]

11丁目通りから見る外観 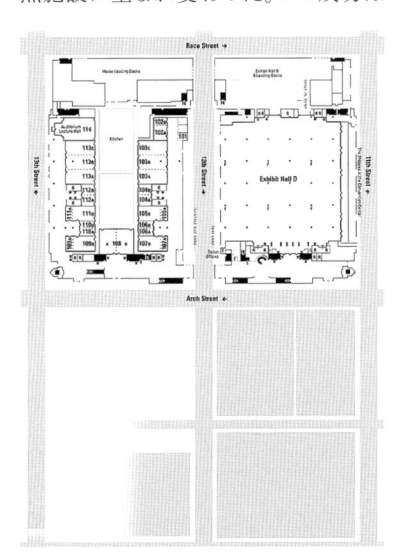　　100レベル平面図 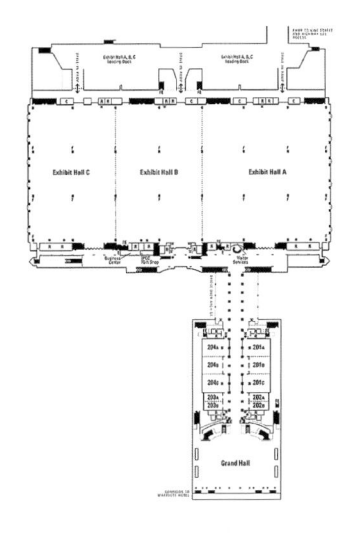　　200レベル平面図

空間配列の継承と現代的活用

トリノ公文書館
Archivio di Stato di Torino

用途────病院[1836] ► 公文書館[1925転用, 1990増築]
設計者────Giorgio Rainieri
所在地────Torino

図書閲覧室。開放的な閲覧スペース

1818〜36年に建設された病院が1925年に修復、一部増築がなされ、さらに1990年に現在の形に改築され、アーカイブとして使用されている。中心の六角形の建物から30°と60°の方向に左右にウィングが伸びるプランが非常に特徴的である。かつて病院として使用されていたときは中心はチャペルとして、2層分の階高をもつ廊下状のウィングはナイチンゲール式の病棟として使用されていたが、現在チャペルは図書閲覧室に、ウィングは収蔵庫となっている。

収蔵庫は図書を収蔵する赤い可動式の什器が大量に並べられ、一方で病院として使われていた当時のクルミ製の家具も併用されている。また、壁は基本的に白く塗り直されているが、既存の彫り込まれた梁などは一部露出させて保存され、中央建物の地下も既存のレンガのまま遺構として残されている。場所によってはやや唐突に古いものが残され、全体の統一感はあまり感じられないが、古いものを徹底して保存、活用しており、その姿勢は一貫している。

収蔵庫の大空間にはかつてベッドが開放的に並べられ、光に溢れ健康的で活気に溢れる病院として使われていた当時の状況を偲ばせる。現在そこに消防設備が追加され、什器が整然と大量に並べられている様はやや無機的であり、この形式の病棟のもつ現代的意味を考えると見方によっては皮肉ともとれるが、既存建物のもつやや癖のある特徴を極めてうまく活用した事例であることは確かだろう。[H.O]

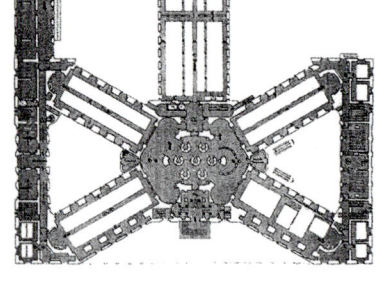

外観

1階平面図（部分）

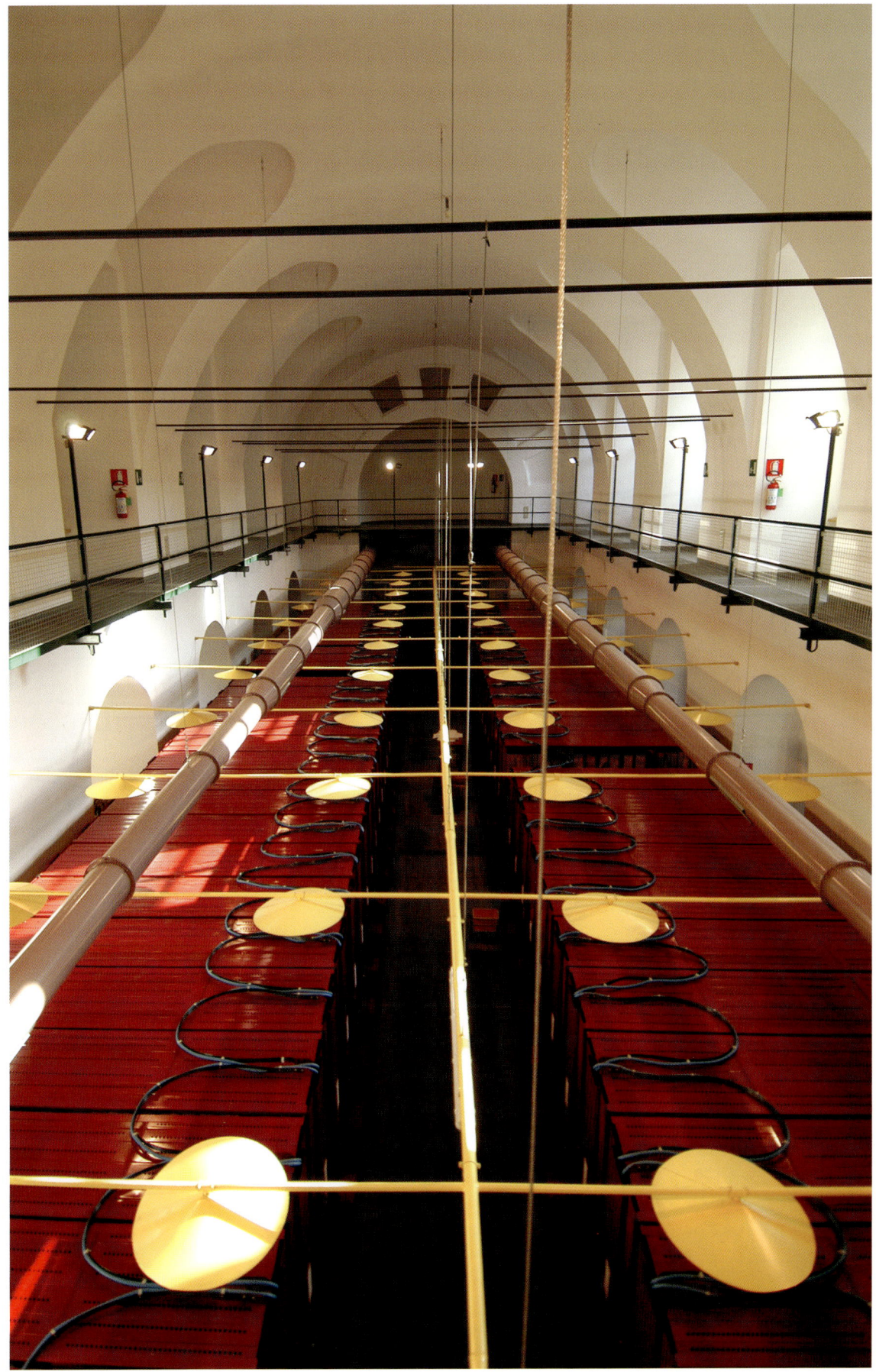

ウィング内部。細長い大空間に赤い什器が整然と並ぶ

シドニーの新たな観光拠点

シドニー・カスタムズ・ハウス
Sydney Customs House

用途────税関局[1844] ▶ 公共複合文化施設[2000]
設計者───Tonkin Zulaikha Greer Architects
所在地───Sydney

最上階に位置するレストラン"カフェ・シドニー"から見えるサーキュラー埠頭

オペラ・ハウスなどシドニーを最も象徴するサーキュラー埠頭にカスタムズ・ハウスは位置する。この建物はシドニー市が所有する国家遺産、州の永久保存指定建造物であり、その長い歴史においてシドニーという都市とともに5度の変貌を遂げている。ジョージアン様式の2階建ての建物から始まり、中央に切妻と地上階にドリス様式の中廊を配したイタリアン・クラシカル風のものに改築、1903年にはフランス・ネオクラシカル様式のU型5階建ての建物へと形態の変遷を辿っている。現在ではカフェ、レストラン、図書館などを擁したシドニーの拠点施設となり、街そのものを体現・具現化していると言っても過言ではない。1998年にはシドニー市の「リビング・シティ」施策により、6年の年月をかけて6階建ての建物に改修され、文化施設として再使用される。外壁をそのまま残した姿からは全く想像できないほど、内部は大胆に改修されている。コンピュータ制御のルーバを設けたガラス窓の屋根が設けられ、6階分の吹抜け部に開放感溢れ

螺旋階段

3階図書閲覧コーナー

地階床にあるサーキュラー埠頭の模型

壁に取り付けたガラスに掲げられた展示物

る快適な空間を提供している。また太陽光発電を備え、現代のエコロジー施策にも対応した。現在、連邦政府・シドニー市・East Circular Quay宅地開発業者により運営されているが、建物の大部分を連邦政府から公共使用の条件となる60年リースで市が借り受け、2軒のカフェ、レストランは市からのリース委託形式を採っている。構造的な特徴として、組石の外観を保存するため要所に鉄骨造が導入されている。また、ガラス素材を多用して光環境に配慮するとともに古材と現代的な素材の融合を図っている。[S.F]

吹抜け見上げ。光溢れる快適な空間が提供されている

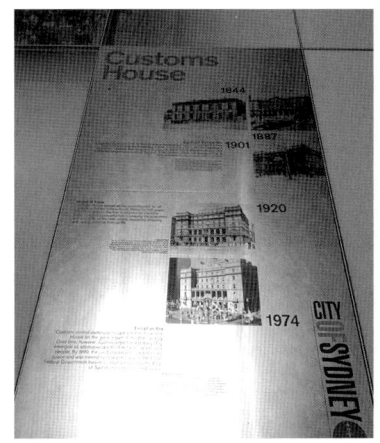

シドニー・カスタムズ・ハウス外観

地階床部にある変遷パネル

地階インターネット・新聞コーナー

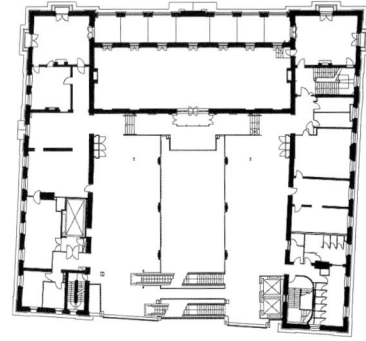

地階平面図

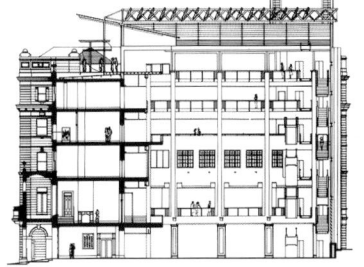

立面図

表と裏

映画館MK2セーヌ河岸館
Cinéma MK2, Quai de Seine

用途　　展示施設[1878頃] ▶ ボート用倉庫[1880] ▶ 映画館[1996]
設計者　Frédéric Namur
所在地　Paris

外観。倉庫の外形は継承されている

1872年にパリ万国博覧会において食料品を展示するために、鉄骨造のギャラリーが考案された。ギャラリーはシャン・ド・マルスの産業宮に付設した展示施設である。博覧会閉会後ギャラリーは1880年にラ・ヴィレット池岸に移築され、その後ボート用の倉庫に転用された。後に取り残された倉庫は映画館を中心とした複合施設に改修された。それは1996年のことである。
映画館MK2セーヌ河岸館に転用したのは建築家フレデリック・ナミュールである。この複合施設は全1,000席、全6室を有する映画館、レストラン、展示施設が要求されたため、計画案は鉄骨造建築の高い天井高と地下空間を有効に利用することが検討された。したがって重要となったのは断面の設計である。倉庫として利用されていた鉄骨造の構造体は、屋根とラ・ヴィレット池岸側の立面のみ保存され、その他の部分は現代建築のようである。そのためラ・ヴィレット池側の立面では細長い鉄柱と5m突出した鉄骨のキャノピーが博覧会の展示館のように佇むが、反対側の道路に面した立面は現代建築特有の全面ガラスであり、両者は全く対照的に構成された。
保存すべき部分と改築すべき箇所を明確に区別し、それらを組み合わせることによって、限られた空間に複雑な建築プログラムを挿入することに成功した点が秀逸である。対岸の同様の鉄骨造建築も対をなすように同種の施設にコンバージョンされた。[T.M]

コンバージョン前の外観

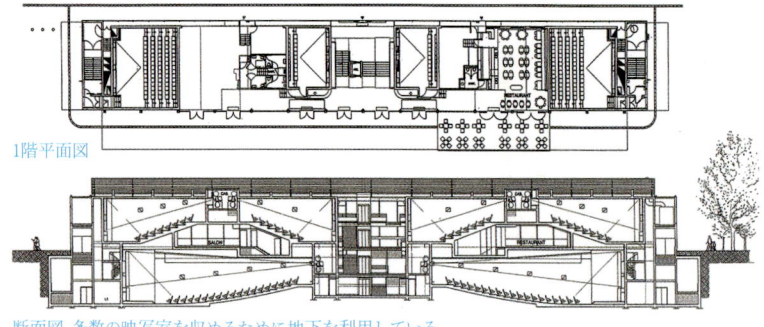

1階平面図

断面図。多数の映写室を収めるために地下を利用している

多彩な光を放つラ・ヴィレット池岸側の立面

通り側の立面。全面がガラスで、展示品が立面に新たな表情を与えている

資料提供

ANDERSON Samuel (Architect) - p.42(左下、中央)
BOREL Frédéric (Architecte) - p.122(下)
SANO Emily J. (Director of Asian Art Museum) - p.158(上、右)
KEARNY Michael (Residential Manager) - p.150(右下)
MIKULANDRA-MACKAT Mateja (Arckitectin) - p.96(下)
PUPPA Daniela (Architetta) - p.65(上)
RÄSÄNEN Jouko (Arkkitehti) - p.76(中央、左下)
SVENSTEDT Carl-Fredrik (Architecte) - p.103(右)
TONKIN ZULAIKHA GREER (Architects) - p.47(上)、p.146(下、右)、p.147(下)、p.177(右)

図版出典

Brochure *Haus Witten*. - p.38(右上)、p.39(右下)
Brochure *Projet culturel exposition 91-92 architecture accueil du public historique, Jeu de Paume*. - p.160(右、下)
Brochure *The Hamburger Bahnhof*. - p.162(下)
Finnish Architecture 04/05, Helsinki: Alvar Aalto Academy, Finnish Association of Architects Museum of Finnish Architecture, 2006. - p.133(右)
Architectural Microfilming Project, University of Illinois(The Art Institute of Chicago蔵) - p.150(下)
BOCKEMÜHL Michael, BERG Karen van den, BERG Jörg van den, La Chevalleri Huberta de, *Kunstort Ruhrgebiet, Zeche Zollverein Schacht XII in Essen*, Klartext-Verlagsges, 1994. - p.116(左、下)
BUCHANAN Peter, *Renzo Piano Building Workshop Complete Works, vol.2*, New York: Phaidon, 1999. -p.52(中央、下)、p.53(右上)
GEORGEL Pierre, *Le Musée de l'Orangerie*, Paris: Gallimard, 2006.-p.112(下)、p.113(右)
HALLE Adrienne, *Restitution et reconversion de la galerie Colbert*, Mémoire de cinquième année, Ecole d'architecture de Versailles, 2000. - p.40(右上、中央)
JOHNSON Philip, *The Architecture of Philip Johnson*, Boston: Bulfinch Press, 2002. - p.32(右上)
JONASSON Maren, *Allt af jern-texter kring en järnmanufakturs och ett industrikvarters metamorfoser*, Turku: Åbo universitet, 2004. - p.133(中央)
LEMAIRE Raymond, *Oltre il restauro. Architetture tra conservazione e riuso. Progetti e realizzazioni di Andrea Bruno (1960-1995)*, Milano: Lybra Immagine, 1996. - p.37(下)
LEMOINE Bertrand, *Les Passages Couverts en France*, Paris: Délégation à l'action artistique de la Ville de Paris, 1989. - p.40(右)
O'KELLY Emma, DEAN Corinna, *Reconversions,* Paris: Seuil, 2007. - p.60(下)
OLMSTED Nancy, *Ferry Building, The: Witness To A Century Of Change, 1898-1998,* Heyday Books, 1998. - p.152(下、中央)p.153(左上)
PEROUSE DE MONTCLOS Jean-Marie, *Histoire de l'architecture française - De la Renaissance à la Révolution,* Paris : MENGES/CNMHS, 1989. - p.122(中央)
POWELL Kenneth, *L'Architecture transformée - Réhabilitation, rénovation, réutilisation,* Paris: Seuil, 1999. - p.104(左下)
PRIDMORE Jay, *The Reliance Building,* Chicago: Pomegranate, 2003. - p.35(左下)
SCHULTZE Bertram, *Spinnerei from cotton to culture, Report 2006,* Leipzig: Leipziger Baumwollspinnerei Verwaltungsgesellschaft mbH, 2006. - p.70(右下)
SIMON Philippe, *Architectures transformées,* Paris: Editions du Pavillon de l'Arsenal, 1997. - p.68(中央)、p.74(中央)、p.178(左下)
STIFTUNG Wüstenrot, *Umnutzungen im Bestand - Neue Zwecke für alte Gebäude,* Stuttgart: Krämer, 2000. - p.116(左下)
ローマ国立博物館公式ガイドブック - p.156(上、右)
オーストラリアン・テクノロジー・パーク公式ホームページ - p.140(下)
海洋・沿岸技術研究所公式ホームページ - p.93(下)
フィラデルフィア・コンベンション・センター公式ホームページ - p.173(下)
Abitare. - p.80(下)、p.89(上)、p.97(下)、p.98(下)、p.101(上)、p.105(下)、p.115(上)、p.172(下)、p.174(下)
Aquapolis. - p.71(下)
Architecture. - p.129(下)
L'Architecture d'aujourd'hui. - p.70(右下)、p.82(左下)、p.83(右)、p.148(下)、p.160(中央)、
Architectural Record. - p.30(右下)、p.124(左下)、p.127(上、右)、p.138(下)、p.169(上)、p.170(下)
Arkkitehti.- p.62(中央、下)、p.86(右下)、p.87(上)、p.90(下)、p.106(中央、下)、p.118(右下)、p.120(下)、p.121(上)、p.131(上)、p.133(上)、p.134(左下)、p.135(上)
db: deutsche bauzeitung.- P.38(中央)、p.92(下)、p.108(上、中央)、p.165(右下)
Living Architecture. - p.121(上、左下)
Le Moniteur Architecture.- p.44(上、中央)、p.49(下)、p.68(右、下)、p.74(左、下)、p.155(下)、p.166(下)、p.178(右下)
Techniques & Architecture.- p.83(右下)、p.112(右下)p.155(右)

上記以外の写真・図版は、編著者・分担執筆者が現地で撮影したものである。

あとがき

本書は、これまでに4人の編著者が中心となって行った海外のコンバージョン建築実地調査の総括である。2004年と2005年の2年間は、個別にイタリア、フランス、アメリカの調査を進めたが、その後は、どの国にコンバージョン建築が多く存在するだろうかという出発点にまで立ち戻った議論を行った末、オーストラリア、ドイツ、フィンランドを加えて、分担調査を行った。こうした協働作業の直接的契機は、首都大学東京建築学専攻の21世紀COEプログラム「巨大都市建築ストックの賦活・更新技術育成」（拠点リーダー：深尾精一教授）の一環として行った建築コンバージョン研究にある。加えて、文部科学省科学研究費補助金をはじめとする助成金を得た調査から自費調査に至るまで、合わせて十数回にも及ぶ様々な調査を行った。本書の糧となる実地調査を可能にしてくれた研究助成には、心から感謝申し上げたい。

実地調査においては、コンバージョン前の既存建物の様子を把握しにくいという大きな問題を痛感した。この点については、関係者へのヒアリングや設計者からの図面・写真資料提供が大変貴重な情報源になった。こうした情報なくしては、コンバージョンの実態を正確に把握することは不可能であった。お世話になったすべての方々の氏名を列記できないのが残念だが、この場を借りて、御礼申し上げたい。

調査に参加した人数は、延べ20人を越える。実地調査に参加した多くの大学院生にも、本書の事例解説頁のレイアウトや作品解説を分担してもらった。編著者以外の調査参加者は、建築学専攻助教の木下央および黒川直樹、リサーチ・アシスタントの椎橋武史、博士課程の小川仁、福岡伸太郎、修士課程（調査当時）の井上めぐみ、黒橋秀治、佐々木章行、千賀順、遠藤広基、中西康崇、沢田聡、福中海人、宮部貴寛、谷泰人、森創太、角野渉の各氏である。木下助教には、調査対象国・都市を決める段階から、多大な協力を得た。黒川助教には、アメリカ調査に際して、豊富な知識を提供いただいた。また、大学院生諸君の献身的な協力なしには、この本は誕生することがなかったであろう。本書の編集は、取り上げる事例数も多いため、実に大変な作業となったが、特に、三田村哲哉が、編著面に加えて、編集作業でも甚大な時間と努力を注ぎ込んだ。

本書の出版にご尽力いただいた鹿島出版会の相川幸二氏とは、小林が30年来の親交をもつが、今回も、とかく執筆が遅れがちな著者たちに対して、厳しくも温かい激励をいただき続けた。また、デザイナーの高木達樹氏には、私たちからのレイアウトに対する様々な要望を踏まえつつ、大変美しい書籍に仕上げていただいた。深謝申し上げたい。

こうした多くの方々の様々な努力に報いるためにも、本書が日本におけるコンバージョン文化成熟への刺激剤となることを、心から願ってやまない。

2008年3月　編著者一同

編著者略歴

小林克弘
Katsuhiro KOBAYASHI

専門分野：建築設計、建築意匠。1955年生まれ。1985年、東京大学大学院工学系研究科建築学専攻博士課程修了、工学博士。コロンビア大学客員研究員、東京都立大学専任講師、助教授、首都大学東京大学院都市環境科学研究科建築学域教授を経て、2020年定年退職。現在、東京都立大学（首都大学東京）名誉教授。主著に『アール・デコの摩天楼』（鹿島出版会、1990年、日本建築学会奨励賞）、『ニューヨーク―摩天楼都市の建築を辿る』（丸善、1999年）、『建築構成の手法―比例・幾何学・対称・分節・深層と表層・層構成』（彰国社、2000年）『建築論事典』（共編著、彰国社、2008年）、『建築転生 世界のコンバージョン建築Ⅱ』（共編著、鹿島出版会、2013年）、『スカイスクレイパーズ 世界の高層建築の挑戦』（共編著、鹿島出版会、2015年）など。代表的建築作品に「新潟みなとトンネル立坑『入船みなとタワー』『山の下みなとタワー』」（2003年）、「東京都臨海副都心清掃工場」（1995年、BCS賞受賞）など。

三田村哲哉
Tetsuya MITAMURA

専門分野：建築意匠、近現代建築論、建築設計。1972年生まれ。2004年東京都立大学大学院工学研究科建築学専攻博士課程修了・博士（工学）。首都大学東京大学院都市環境科学研究科建築学専攻COE研究員、非常勤講師を経て、現在兵庫県立大学環境人間学部准教授。主著：「劇場の建築造形―1925年パリ現代装飾美術・工芸美術国際博覧会の展示館に関する考察 その4」『日本建築学会計画系論文集』、2008年9月（2010年日本建築学会奨励賞受賞）。『アール・デコ博建築造形論―1925年パリ装飾美術博覧会の会場と展示館』（中央公論美術出版、2010年）、『建築転生 世界のコンバージョン建築Ⅱ』（共編著、鹿島出版会、2013年）、『世界都市史事典』（分担執筆、昭和堂、2019年）、『地中海を旅する62章―歴史と文化の都市探訪（エリア・スタディーズ）』（分担執筆、明石書店、2019年）。

橘高義典
Yoshinori KITSUTAKA

専門分野：建築材料学。1957年生まれ。1986年、東京工業大学大学院工学研究科建築学専攻博士課程修了、工学博士。宇都宮大学助手、マサチューセッツ工科大学（M.I.T.）客員研究員、宇都宮大学助教授、東京都立大学助教授を経て、現在、東京都立大学大学院都市環境科学研究科建築学域教授。主著に『新編建築材料』（市ヶ谷出版社）などがある。主要な研究テーマは、建物のエイジング、高性能建築材料、環境対応材料など。1996年度日本建築学会奨励賞（コンクリートの引張軟化曲線の多直線近似解析）、2001年度日本建築学会賞（論文）（破壊力学手法によるコンクリートの靱性向上に関する一連の研究）、2003年度日本建築仕上学会賞（建築外壁仕上材料の汚れ防止とエイジングに関する研究）を受賞。

鳥海基樹
Motoki TORIUMI

専門分野：都市計画・都市設計。1969年生まれ。2001年、フランス国立社会科学高等研究院（EHESS）博士課程修了、Docteur ès études urbaines[博士（都市学）]。東京都立大学専任講師、EHESS客員研究員（2016-2017年）を経て、現在、同教授。単著に『オーダー・メイドの街づくり―パリの保全的刷新型「界隈プラン」』（学芸出版社、2004年、第23回澁澤・クローデル賞ルイ・ヴィトン・ジャパン特別賞受賞）、『ワインスケープ―味覚を超える価値の創造』（水曜社、2018年、2020年日本建築学会著作賞）、訳書にオギュスタン・ベルク『理想の住まい―隠遁から殺風景へ』（2017年、京都大学学術出版会）がある。

事例解説執筆者（氏名およびイニシャル）

小林克弘 [K.K]
三田村哲哉 [T.M]
橘高義典 [Y.K]
鳥海基樹 [M.T]
木下央 [A.K]
椎橋武史 [T.S]
小川仁 [H.O]
福岡伸太郎 [S.F]
千賀順 [S.C]
沢田聡 [S.S]
福中海人 [K.F]
宮部貴寛 [TAM]
谷泰人 [Y.T]
森創太 [S.M]
角野渉 [S.K]

世界のコンバージョン建築

2008年4月23日　第1刷発行
2020年8月30日　第3刷発行

編著者　小林克弘、三田村哲哉、橘高義典、鳥海基樹
発行者　坪内文生
発行所　鹿島出版会
　　　　〒104-0028 東京都中央区八重洲2-5-14
　　　　電話03-6202-5200　振替00160-2-180883
デザイン　高木達樹(しまうまデザイン)
印刷・製本　壮光舎印刷

©Katsuhiro KOBAYASHI, Tetsuya MITAMURA,
Yoshinori KITSUTAKA, Motoki TORIUMI,
2008, Printed in Japan
ISBN 978-4-306-04498-2 C3052

落丁・乱丁本はお取り替えいたします。
本書の無断複製(コピー)は著作権法上での例外を除き禁じられています。また、代行業者等に依頼してスキャンやデジタル化することは、たとえ個人や家庭内の利用を目的とする場合でも著作権法違反です。

本書の内容に関するご意見・ご感想は下記までお寄せ下さい。
URL: http://www.kajima-publishing.co.jp/
e-mail: info@kajima-publishing.co.jp

関連既刊書

建築転生
世界のコンバージョン建築Ⅱ

小林克弘、三田村哲哉、角野渉 編著
B5判・184頁
定価3,360円(本体3,200円+税)
ISBN 978-4-306-04589-7 C3052

約10年間におよぶ海外のコンバージョン建築の調査からその実態を探る。さまざまに展開される「建築転生」の作品を分析・考察しながら、その特徴、面白さ、奥深さを解説する。世界10カ国100余点の作品紹介。

主要目次
序 壮大な「ビフォー・アフター」の世界
コンバージョン建築論
マスターピース10作品
公共系建築のコンバージョン
産業系建築のコンバージョン
事務所・商業・住宅系建築のコンバージョン
コラム